# 我选择为梦想
# 颠沛流离

# 即使
# 万般辛苦

*Dream*

王宇昆 等著

人民日报出版社

# 目录

**午歌 |**
*001* 一次飞翔

**居经纬 |**
*010* 我探险的终点是和你一生的相濡以沫

**骆瑞生 |**
*022* 阿姐

**海欧 |**
*046* 下一秒,你就是我前男友

**老丑 |**
*053* 爱的时候有多好,分手的时候就有多糟

**马超 |**
*060* 请叫我"不完美小姐":流浪小猫成长记

| **陈若鱼**
你在我脑海里,光芒万丈　*071*

| **马叛**
修琴师的两次爱情　*079*

| **康若雪**
我的父亲母亲　*088*

| **易小婉**
你听民谣吗？我戒了　*100*

| **潘云贵**
你好,月亮男孩　*107*

| **郁小词**
爱过爱情的青春　*119*

**紫健 |**
*126* 爷爷，开灯

**王宇昆 |**
*135* 恋火烧不透，此生爱不够

**程沙柳 |**
*147* 干大事的人

**米粒 |**
*159* 每一场阴错阳差都是命中注定

**丁麟 |**
*169* 我能遇见你，已经很不可思议了

**瑞卡斯 Ricas |**
*183* 人生这么辽阔，不要只活在爱恨里

# 一次飞翔

文/午歌

吕浩是我见过所有"路怒症"患者中最狂躁的人。

通常情况下，我开车看到有人加塞儿、随意变道或者逆向超车时，会在心里暗骂一句，再不然摇下车窗，大嗓门问候一下他。吕浩则不然，眼里容不得丁点沙子，"路怒症"成了他藏在脑垂体里的一颗上了弦儿的手榴弹，谁一碰，他马上就抽筋反射，炸得灿烂无比。

有一回在北三环上堵车，前面有辆车借非机动车道超车，正在伺机加塞儿。吕浩一把拉开车门对我说："苏秦，到前面红绿灯接我。我要去教育一下那个加塞儿的！"

说罢，他跳下车，头也不回地朝前面的车子疯奔过去，如同詹姆斯·邦德执行任务一般潇洒帅气，勒布朗·詹姆斯三步上篮一般剽悍淋漓。我把车子开到前面的路口等他，左寻右找不见人影，又向前开了两个红绿灯，才看见吕浩坐在马路牙子上，一边擦汗，一边大口地喘着粗气。

我问他："什么情况？"

吕浩说："我跑过去，拍拍车门，司机按下车窗问我有何贵干？我说，你注意点，别老插队，危险！"

我问："那人怎么说？"

吕浩说："那人没搭理我，我继续教育他。我说，你穿戴这么整齐，是不是急着去奔丧啊？"

我暗自捏了一把冷汗。

吕浩继续说："那人还不理我，居然按上了车窗，还朝我竖中指！"

我问："你后来怎么着？"

吕浩拍拍胸脯说："他不听我教育，我就一个飞脚跺了他车左边的反光镜！"

说罢，吕浩哈哈大笑起来。末了又补充一句："为一个反光镜，男人居然追我跑了三条街，真是又傻又抠门！"

当然吕浩的狂躁也不是天生的，与其说是"路怒症"，倒不如说是一次事故的"后遗症"！

说来话长，那会儿是大四刚毕业。我跟吕浩、唐薇三个人的乐队还没解散。

因为要赶着参加九月份北京地区"冰力先锋"的摇滚大赛，我和吕浩毕业后一直晃荡着没找工作，租住在朝阳北路上一间六平方米的地下室里。唐薇进了一家广告公司，做策划，平时就住在她小姑家里。只要有时间，我们三个人就凑在一起排练。

那会儿主要的收入来源就是到后海公园边上的一家"蓝莲花"酒吧去驻场,钱不多,基本就是"饿不死,也吃不好"的水平。每次发了钱,吕浩都张罗着下馆子去撮一顿。到了吃饭的时候,他便拼命地给唐薇夹菜。谁都能看出来,吕浩喜欢唐薇。

著名的朋克乐队"绿日"一直是我们的偶像,所以给乐队起名的时候,我一口咬定用了"绿灯"这个名。我说:"你俩整天黏黏糊糊,搞得我跟一个大灯泡似的,咱就选这个名,真实、接地气!"

吕浩反问:"绿灯会不会太粗俗了,一点也不酷炫,一点也不摇滚!"

唐薇则笑嘻嘻地说:"绿灯可以,有向偶像致敬的意思,而且很温暖。"

吕浩马上腆着个热脸凑过来,憨憨地附和了一句:"小薇说绿灯好,就用绿灯吧!"

我戳着吕浩的脑门骂他:"好什么好!"

唐薇公司的副总也是个朋克迷,一来二去就跟我们混在了一起。他有辆别克君威,平时帮我们运运乐器也挺方便。后来,我发现他和唐薇的苗头有点暧昧,于是提醒吕浩:"那小子有钱又有心,你得多长点心眼。"

吕浩自信满满地跟我吹牛:"唐薇早晚都是我老吕家的人。眼下的事,先把比赛弄好再说!"

由于决赛必须演奏一首原创歌曲,吕浩那阵子花了很大的精力用在创作上。唐薇却因为工作忙,时常错过彩排。吕浩后来就写了首歌叫《飞翔》,是献给唐薇的一首情歌。

我追逐着山谷和心间的回声，
用寂寞的镰刀收割空旷的灵魂。
天空从未留下过飞翔的影子，
但我们曾是一群傲然的鸟人！

我对吕浩说："你这歌颂爱情的歌词可有点二啊！"

吕浩说："苏秦，你不懂，这是泰戈尔关于爱情与飞翔的名句。"

可我一直很纳闷，什么时候泰戈尔也关注过恋爱中的鸟人？

临近比赛，有一天，吕浩带唐薇公司的副总去拉乐器，那天吕浩有点心血来潮，自己做司机，让副总坐在副驾驶位置上。结果路上有车子逆向超车，加塞儿时，吕浩避让不及，撞到旁边一个行人。

更二的是，吕浩为了彩排，居然没有停车，拉着乐器一路飙回排练房。谁知道，那天马路上有人报警，警察很快就找到了我们。警察以交通肇事逃逸为由，要把吕浩带回看守所拘留。

唐薇当时一脸惊恐地挡在吕浩前面。那个副总也热心地走过来，拍拍吕浩肩膀说："兄弟你别担心，我会替你好好赔付伤者和家属，你很快就能出来！"

谁知道吕浩跳起来，抽了那副总一记耳光，骂骂咧咧地叫了一句："谁稀罕你的臭钱！"

然后他恶狠狠地瞪了我和唐薇一眼，晃晃悠悠地随警察跳上了车子。

吕浩让我去拘留所看他时为他带几个皮筋,我问他做什么?

他说:"用猴皮筋绑在凳子腿上当琴弦练,我怕出来后,手生,影响了比赛的效果。"

我说:"比赛不算什么,你回来跟唐薇好好解释一下,别让她误会你揍她领导的事。"

吕浩说:"我跟唐薇完了,最后就送她一场漂亮的比赛做纪念吧!"

那时离"冰力先锋"的决赛还不到十天,吕浩在看守所里蹲了七天,出来后,甚至都没再找唐薇彩排过。

可是比赛那天吕浩把那首《飞翔》发挥得非常好,舞台上他变得张扬、暴戾,沙哑的声线中充斥着挣扎与绝望。唱到最后一个高潮,他在舞台中央,忽然剥光了上衣,一把将贝斯琴颈轮到半空,然后径直砸下来,如此反复三次,直到把他那柄心爱的贝斯砸得稀烂。

此时舞台的气氛飙到了极点,很多观众起立致敬,掌声爆棚。我诧异至极,却看见唐薇和吕浩的眼中都滚着晶莹的泪花。

那一刻,我恍惚预感到吕浩和唐薇的爱情走到了尽头。

无论如何,我们超常发挥,取得了总决赛第四名的好成绩。虽然没有捧杯,但有唱片公司现场收录了我们这首歌的版权,我们未来将有幸在唱片上听到自己的作品。

那晚本来约好三人一起去酒吧庆祝,可是唐薇却说她临时有事,要先走一步。

后来，我又打电话给唐薇，却是那个副总接的。他说，他和唐薇在她姑姑家里吃饭，今晚不会再过来找我们了。

吕浩说："苏秦，算了，我和唐薇早没戏了。"

我反问："你怎么知道？你为什么不尝试一下……"

吕浩抢着说："那个副总说，他们要领证了。我也尝试了，抽了丫一巴掌，真痛快！哈哈哈！"

我说："那咱们'绿灯'乐队就这样解散了？"

吕浩又大笑："什么绿灯乐队，当初就不该叫这个烂名，一个当上了电灯泡，一个戴上了绿帽子，一对大傻子，哈哈哈！"

那晚我和吕浩喝得烂醉。被初秋的凉风一吹，半夜吐得稀里哗啦的。迷蒙中，吕浩问我："苏秦，你有什么打算？"

我说："我要去南方找我女朋友。你应该再找唐薇谈谈。"

吕浩说："别给我再提那个见钱眼开、朝三暮四的小人！苏秦，你当我兄弟不？"

我说："是兄弟，最好的兄弟！"

吕浩说："是兄弟，你把唐薇那小人的手机号删了，你明天就走，滚去南方，滚到天涯海角，换了新号码，绝对不能再联系唐薇！"

我说："行，我答应你。"

吕浩说："苏秦，你走了，我也滚。"

那是吕浩上次在北京留给我的最后印象。夜色里他的眼睛布满血丝，眼神凌厉得吓人，悠悠地唱着："天空从未留下过飞翔的影子，但我们曾是一群傲然的鸟人！"

唱罢，吕浩一把将自己的手机投进了什刹海，湖面上瞬间传出"咕嘟"一声，仿佛一尾硕大无边的鱼跃起，一口吞掉了这个寂寞的晚上。

这之后,我去了宁波,吕浩出国待了两年。"路怒症"就变成他开车撞人的后遗症,他成了这个事件的终身受害者。两年后,我去北京出差,正赶上吕浩回国。我们的车堵在北三环上,他就急不可耐地去教育了前面那个加塞儿的人。

我和吕浩在北京待了四天,每晚都去后海边上的"蓝莲花"酒吧喝酒,兴致好的时候,还会上台唱几句。

第四天晚上,吕浩终于忍不住问我:"你是否还和唐薇保持着联系?"

我说:"上回我们喝得迷迷糊糊的,你把我手机里的号码都删光啦。后来我去了宁波,新号码一换,就再没唐薇的消息了。你想找她,我帮你问问其他同学吧。"

吕浩说:"算了,你走了,我也要出去了!"

此时,舞台上音乐响起,传来一个悦耳又散漫的声音:"她剪了新头发,房间也换了号码……"

我拍拍吕浩说:"哥们儿,我没错乱了吧,你看那不是唐薇吗?"

吕浩揉揉眼睛说:"没错,怎么老大嫁作商人妇了,还隔江犹唱后庭花呢?"

我说:"你嘴别那么损行吗?我去叫她过来。"

吕浩恶狠狠地瞪了我一眼,潜台词仿佛是在说:"你要是敢上去,今后就不再是我兄弟!"

于是,我抄起一盘瓜子,慢悠悠地自顾自嗑起来。

吕浩随即又恶狠狠地瞪了我一眼,大声地说:"你要是上去就快点行吗?人家这就要唱完了好吗?"

我把唐薇领到吕浩面前的时候,瞬间就找到当年当"大灯泡"的感觉。

俩人都哭了,哭得我恨不得跪在地上,拉一曲荡气回肠的《二泉映月》才能配得上彼时悲凉的气氛。

唐薇问吕浩:"为什么不辞而别?"

吕浩反问唐薇:"为什么移情别恋?"

唐薇说:"你不要听别人胡说,我没有和那个副总怎么样。一开始我是觉得他人不错,踏实,热心还很仗义。"

吕浩反问:"后来,你不是和他登记了吗?"

唐薇说:"没有!我后来发现他是个很虚伪的人,而且,酗酒很厉害!常常醉酒驾车,最后还是因为这个进去了!"

"哼!"吕浩终于冷笑了一声。

唐薇反问道:"我问你,吕浩!当年最后一次彩排的那天,是不是我们副总开着车子,他那天酒驾肇事,怕坐牢,没停车,让你顶包的!"

吕浩说:"你们副总终于良心发现告诉你了?"

唐薇说:"你为什么要答应替他顶罪?"

吕浩说:"因为你们副总说,你今后在单位很有前途,他希望我能帮他一个忙,也帮你一个忙。因为他说,你很爱他,已经决定去领证了!"

唐薇说:"为什么不来找我说清楚?"

吕浩说:"你为什么不来拘留所看我?"

唐薇说:"你进去的时候,我被派到外地出差了几天。吕浩,你怎么这么傻!"

吕浩和唐薇在酒吧抱头痛哭,时隔两年,我们又仿佛回到了人生的起点,乐队还是那个乐队,蓝莲花还是蓝莲花,我依然是那个闪闪发光的灯泡侠!

吕浩和唐薇结婚的时候,我驾驶着主婚车。有人在高架上加塞儿,我正迟疑着,吕浩一把脱掉礼服上衣,打开车门对我和唐薇吼道:"到下一个红绿灯等我!我要去教育一下前面那辆车!"说罢,他一溜烟跑走了。

我担心他在新婚大喜的日子跟人家大打出手,于是跳下车去找他,却看见吕浩攥着拳头,垂着脑袋走回来,脸上甩着两行老泪,一副被人揍扁的样儿。

我问:"怎么了?"

吕浩说:"那人按下车窗,车里的音响开得很大,我听见CD里抽风一般地喊着:'我追逐着山谷和心间的回声;用寂寞的镰刀收割空旷的灵魂……'兄弟,那是我们的歌!"

向死而生的人生,谁不是一次逆风飞扬?寂寞追逐的路上,总有镰刀会收割空旷的灵魂。

唐薇曾经说过,虽然当时没有任何音信,可是她坚信着,只要她在蓝莲花等下去,就一定能把吕浩等回来。是的,她成功了,她听到了山谷和心间的回应。

傲然飞翔在天空,也许会折羽,也许无痕迹,但我们不辞做鸟人!

**我探险的终点**
**是和你一生的相濡以沫**

文 / 居经纬

## 1

明白"螳螂捕蝉，黄雀在后"的道理，是在我大四的那一年。

我承认我考研的目的不纯粹，但我不做坏事，每天照样坐在那，干吗呢？看姑娘。

看姑娘也是门技术活，不能盯着看，也不能光看不传达意图，最好目光中带着诗意，让她明白——这男生与众不同，不是偷看，而是欣赏本姑娘。

认识林若希，就是由此而来的，那次我看得极其出神，肆无忌惮地看，全然忘了技巧。

她根本就不知道我在看她，一直低着头看 iPad，虽然她没有说话，但我从她紧锁的目光中看出了柔情与感动。为了探个究竟,我绕到她身后去,发现她在看《UP》,皮克斯公司制作的一部动画片,大陆名叫《飞屋环游记》。

这部电影我看过几遍,"我总是记得那些无聊的小事情……""感谢你给了我精彩的一生",简单并深情的几句对白,我一直记着。

我看着这位女孩,那一刻,我觉得她好像在电影中。

## 2

那时候我心里有个计划,分三步走,第一步趁她去洗手间的时候翻开她的书本看她叫什么名字,第二步连续几天出现在她的视野增加熟悉感,第三步正式进入主题。

还没进入第三步,我就在课桌上看到一张纸条,应该是趁我离开的时候放上去的,折叠成两层,摆放得很匆忙,我环顾了四周,没有人盯着我的方向在看,我想这是一起"兔子吃窝边草"事件。

这种推想很快得到验证,我刚打开纸条的时候,旁边的女生就递给我一瓶果汁,说:"你介意我这样做吗?"

我显然有点惊慌失措,这种堂而皇之登堂入室的局面我还是头一次见,而且更为羞辱的是,我还没有勇气对林若希采用,却被别人进攻了。

好一出"螳螂捕蝉,黄雀在后",我想。

许是发愣久了,姑娘有点着急了:"怎么了,是我真的太唐突了吗?"

"啊,哦,没事,我刚才走神了,不好意思。"

"你为什么走神呀？"

"在想一个问题。"

"什么问题？"

"对坐标的曲面积分到底是啥意思？"

"你要考研吗？"

"嗯，是的，我不想显得无所事事的样子，我也挺随大潮的吧。"

我说话挺自嘲的，这也难怪，大学三年，没有专注自己的学业，也没有好好爱惜自己的身体，心里难免有点失落感。

我想我们之间的谈话应该是告一段落了，便随意翻动着厚厚的考研数学复习全书。

今天林若希也没有出现，怕是起晚了，或者她只是心血来潮上几天自习，刚好被我撞见了。

她又传来一张纸条，上面写着："居经纬，我可以加你微信吗？"

"啊，你怎么知道我名字？"

"你课本上有写呀，不过好难认，你那是艺术签名吗？"

"你这么说我都有点不好意思了，不过你这样窥探人家隐私真的好吗？"

后半句写上去后又被我划掉了，因为我想到了我也是这样才知道林若希的名字的。

我们都是爱情碉堡的进攻者，人家城池坚固，防守很严的，想到这，我不禁对她有点同情。

同是天涯追爱人。

不过，这一场类比中，只有我同时担任了两种角色，我始终不能带着主观和客观统一的角度对待这个问题，所以我很傻地告诉了她，其实我已经有喜欢的人了，就在这间自习室，不过遗憾的是，她今天没有来。

她回复的速度明显慢了，我知道她在想最好的措辞，毕竟我的回答简单粗暴，是最击人要害的，而且对她来说，毫无防备。

其实当我写出那句话的时候，我心里也很不好受，我并不是同情心泛滥，而是推己及人。我在想未来有一天，林若希会不会以同一种方式拒绝我，那个时候我是不是应该状告一下林若希盗用我的创意，我不敢继续往下想。

她的回复随着纸条来了，只有一行字："没关系，你是你，我不是我，对了，你还没问我叫什么，我叫李婉琪。"

## 3

那天，林若希始终没有出现，我也早早结束了滥竽充数的"表演"。

对我来说，自习就是一场表演，一场准备献给林若希的演出，目的就是让她认识我，既然嘉宾观众没有来，那我就没有再继续表演下去的必要了。

我离开的时候，李婉琪问我："你明天还会来吗？"

我支支吾吾："应该会来吧。"

"那好，我明天帮你占座。"

"不用麻烦了，谢谢！"

"没事呀，反正我们每天都是起很早排队等开门呀，多占一个位置又不用多花时间。举手之劳啦。"

"好吧，谢谢！"

关于我的座位，这几天都是固定的，林若希第一次出现在我面前的时候，我刚好坐在那，后来接连几天，我没有变换位置，抬头就能刚好看到林若希。

当时我还以为是命中注定，直到林若希再也没有出现。

是的，林若希再也没有出现过，后来李婉琪每天帮我占座，还是我之前的位置，但是我抬头看到的再也不是林若希，可能是一个做题做得面无表情的女生，也有可能是一个穿着格子衬衫时不时向上推眼镜的男生，但他们都不是那个对着iPad微笑，笑容可以融化我的林若希。

林若希的消失，让我之前设置的方案瞬间失效，三步走既然没有实现，我只好去通过六度分隔理论找到她。

根据六度分隔理论，我们可以得知：你和任何一个陌生人之间所间隔的人不会超过五个，也就是说，最多通过五个人你就能够认识任何一个陌生人。根据这个理论，你和世界上的任何一个人之间只隔着五个人，不管对方在哪个国家，属哪类人种，是哪种肤色，更何况林若希跟我在一个学校。

我很快就打探到林若希在哪一个班，有没有男朋友，甚至她的星座，答案都是令我满意的。万事俱备，只欠东风，我想该怎样才能合理且必要地邀请林若希一起共进晚餐呢？

没有谁是另一个人吃晚餐的必要条件。

更何况我还是一个不速之客。

## 4

李婉琪以方便联系为由要了我的联系方式,也抢过我的手机扫了我的微信二维码,还自己把自己同意添加了。

这些都不为过,那个时候我已经主动联系到了林若希,在为数不多的几次交谈中,我发现我找到了那种酣畅淋漓的感觉。我们很聊得来,而且从诗词歌赋到生活八卦都毫不冷场。

倘若世界上每两个人都是上帝当初成对制造出来的,我想林若希就是我前世今生散落人间的另一半。

我开心起来就什么都不顾了,那几天,李婉琪跟我说了很多,我都欣然回应了,除了她邀请我一起看电影。一直以来我觉得拒绝姑娘的请求都是很不道德的事情,所以为了稍显道德一下,我只能说我刚好看过了,后来无意间查了那部电影的资讯,我发现自己撒了个可笑的谎言,李婉琪那天跟我说的那部电影是在之后一天上映的。她没有揭穿我。

为什么要揭穿呢?揭穿真相只会使对方难堪,同时又把自己的自尊置于何地?

这一点,我做得远远不如李婉琪。

在跟林若希深谈一星期后,我正式向她提出了晚餐邀请。

林若希没有拒绝,也没有答应。

她说看情况吧。

我没有质问情况到底怎么看,只能告诉她时间地点,我会在她宿舍楼下等她,希望她能如约而至。

那天,天下起了雨,挺大,我忘记了打伞,在自习室门口等待。

跟林若希约的时间快到了,我得马上去接林若希。

但是雨好像丝毫没有要停息的意思,它的使命就是要破坏这场精心准备的约会。

落雨坠地的声音,嘲笑得体,挑衅有加。

我想冲出去,大不了淋湿全身。

这个时候李婉琪出现了,她递给我伞:"一起吧,你去哪?"

"去你们宿舍楼下,等一个人?"

"谁呀?"

"就是跟你说过的那个姑娘。"

话没说完,我收到了林若希的短信,然后我就径直冲出去了。

林若希说:"下大雨了,我还是不出去了,对不起,你还是找别人去吃吧。"

李婉琪一直在后面追着我,雨伞根本起不到遮雨的效果,很快我俩都变成了落汤鸡。

戏剧性的一幕发生了,我看到林若希跟一个男生挤在一把雨伞下有说有笑,眉目之间全是"情深深雨濛濛"。我给林若希发去短信,说:"我看到你了,那个男生是你哥吗?"

林若希回复:"啊?你在哪?"

我在你身后不远处。

林若希转身看了我一眼,先是有点吃惊,继而大摇大摆地离开了。

李婉琪跑到我面前嘲讽我:"就是她呀,我这么好的一个姑娘你放着不要,偏偏追一个有夫之妇,现在傻了吧!"

"你给我闭嘴,李婉琪你是不是傻,我不喜欢你,我可不像她,不喜欢我还跟我玩暧昧,我都说不喜欢你了,你就不要再白费心机了。我这是为你好。"

"你给我冷静,居经纬你是不是傻,我喜欢你,我可不是她,我没有备胎,我都明目张胆说喜欢你了,你就不要做无谓的挣扎了。我这是为你好。"

我哭笑不得:"要不这样吧,我们俩落汤鸡去共进晚餐。"

"我这是沾了那妹子的光呀。这顿不算,下次你还要请我一顿!"

"为啥?"

"今天我这是陪你收拾残局,改天你不准备答谢我吗?"

"你说得好有道理,我竟无言以对。"

"知道我的厉害了吧!"

## 5

那之后吃完晚餐,我们去了咖啡厅,她说北京难得下雨,不如去凭栏听雨。

雨是没听成,她给我看了陈粒,这倒让我有点吃惊。

陈粒是我一直很喜欢的歌手,属于我这种深情忧郁风的偏爱。

"那你最喜欢她哪句歌词?"我问她。

"你成为万众的唯一,偏颇爱你,宽阔爱你。"她说。

"那我们玩个游戏吧,我们现在列举看到的意象,然后唱出陈粒的歌词。"

"好呀。"

"风。"

"我知道风里有诗句,不知道你。"

"雨。"

"我看过沙漠下暴雨,看过大海亲吻鲨鱼,看过黄昏追逐黎明,没看过你。"

"眼泪。"

"我忘了置身濒绝孤岛,忘了眼泪不过失效药,忘了百年无声口号,没能忘记你。"

……

"怎么都是《奇妙能力歌》?"、

"因为真的奇妙呀!"

李婉琪对我说:"天气不好,我就听陈粒,我特别喜欢这种快乐尽兴,忧郁彻底的极化境地,这事可衍生到爱情观,哪有什么最更之语,从不讲礼尚往来买卖交易,偏颇爱你,宽阔爱你,你不爱我也爱你,陈粒说她是她,我不是我,便是如此。"

我听得痴迷,但我做不到这些,在爱情里倘若发现谎言与欺骗,我会头也不回地离开。

不管我之前对林若希有过多少的期待,统统都被雨水给冲刷掉了。

从今以后,我不会再滥竽充数,要做个合格的考研党。

至于李婉琪,她实在是个非常可爱的女生,但我没有想过会和她在一起。

她好像是一眼就能看透的女生,少了很多求知的欲望,我喜欢冒险的旅程。

我对李婉琪说，爱情这个东西太虚幻了，我都不知道它具体是啥，我喜欢征服未知的世界，爱情于我有点探索的意味。直觉告诉我，那个人不是你，也不应该是你。

李婉琪说，你理解错了，也有可能每个人的观点不一样吧。于我而言，我不需要另一个不相关的人来练习爱情，我不需要跟随外界的浮躁去折腾爱情，我不需要一个不敢渴求天长地久的人来耗费我的爱情。那不是爱情，那是欲望，既然你喜欢解密，那我只能奉陪到底了。

## 6

李婉琪所说的奉陪到底就是陪我自习，她每天起早占座，然后发短信让我过去。

后来我实在受不了每天让一个女生帮我占座的心理压力，只好每天牺牲一个小时的睡眠时间，陪她一起跑去排队占座，慢慢地她开始偷懒了，就变成我一个人去占座了。

后来，顺其自然地，我们在一起了。

也许是几个月的自习让我变得踏实了很多，不再追求未知的旅程；也许是我渐渐发现她身上一些独特之处，觉得她就是一个待揭秘的宝藏。

李婉琪说没有那么多也许，这个结局她早已料到了，她说，就算你去过太多的岛屿探险，最后还不是要停靠在我这个港湾。

那个时候，我的爱情观仿佛已经被她潜移默化改变了，后来，我跟她一起重温了那部《UP》。

我曾经把林若希在自习室看《UP》的事跟她提过，没想到她一直没有忘记，当我说要跟她一起看《UP》的时候，她突然抱紧我说："你是想继续探险了吗？"

"没有呀，你记得《UP》中卡尔要将他和老伴儿的房子扎根在他们曾经最想去的 Paradise Fall 上，然后他终于到达目的地了，表情却是异常平静。他懂得了，他的探险终点就变成了和她一生相濡以沫。而我也是。"我说。

"那可不要说这么早，你说，你打着准备考研的幌子，自习室的姑娘是不是被你看了个遍？"

"天哪，没有，你这话有歧义，我想都不敢想！"

"你，你就剩狡辩这点本事了。"

"谁说的，喜欢你可是我最拿手的活了。"

是到了该恋爱的时候了，寺山修司说，将恋爱这个词，和猫这个字更换。恋爱摇头晃脑地钻进你的怀里，像猫咪一样温暖。

## 7

毕业的时候，身边很多朋友分手了，那阵子我们也都提心吊胆，生怕我们也步他们的后尘。分手的理由千奇百怪，气氛特别紧张。

后来我们决定还是要三天两头地往自习室跑，我们都考上了研究生，至于为什么还要上自习，李婉琪说，回到爱开始的地方感受爱最初的甜蜜，让我不要忘记修成正果的艰辛。她的想法我非常赞同，而且自习室是可以退去浮躁的地方，如此看来，自习室真是度过那段分手时期最适合不过的地方了。

我们习惯地进入或退出一场又一场恋爱，然后把它当作是爱情的练习。我们的世界太过浮躁，浮躁到没有心去认认真真地经营一场关乎一生的感情。

我跟李婉琪的故事还没有结束，也不知道会不会修成最终的正果。

不过我们两个人都在用最直接的方式经营着这段感情，我们相信爱情这个奇妙能力是可以创造奇迹与美好的。

我想起那天看完《UP》，她要给我讲个故事，我记下了：传说在北极的人因为天寒地冻，一开口说话就结成冰雪，对方听不见，只好回家慢慢地烤来听……

后来，我问她，那到底说了什么呀？

"我相信爱情，因为我相信你。"笑声清脆悦耳，宛如天籁。

啊，太冷了，我听不见，是不是结成冰了呀……

# 阿姐

文 / 骆瑞生

## 1

四五十年前我们那里尚有童养媳。这自然是代表了我们那个地方落后的一面,两个小小的孩子,放在一起养大,长大后不管有没有感情,都强迫着做一对夫妻。现在看来,这无疑是强硬的家长式作风,是落后的封建思想之余孽,是要批判的。而且民国时就有许多活生生的例子摆在那里,比如徐志摩与张幼仪,郁达夫和孙荃,这都是没有感情的例子,女子往往在这样的婚姻中变成了悲剧人物。自然现在不是这样了,我写这个小说亦不是提倡这种婚姻,我是坚决支持自由婚姻的,之所以写,是因为我的外祖父与我的外祖母便是这种婚姻,我的堂家祖父与堂家祖母亦是这种婚姻。

10岁的阿清便是一个童养媳,小小的阿清,模样更是生得俊,邻人都啧啧夸赞,这个伢子,长大后一定是个美人,于是便有许多人来给阿清说媒,让阿清去当童养媳,然而只有一个俏阿清,却有那么多痴情的男孩子,阿清父母便犯了难,在众多的孩子中挑来挑去也无法做出决断。这时阿清嫁到雪野的大姨就来给阿清说媒了,她说的是雪野姓骆的人家,这骆家在雪野也算是殷实,高大宽敞的砖房看红了许多人的眼,且这家人都脾气温和,待人和善,在雪野亦是有着好名声的。再加上是自家大姨,说的话自然比别的媒人更真实可信,于是阿清的父母就拍了板,决定将阿清嫁到雪野骆家去当童养媳。

这天阿清从地里割猪草回来,妈妈对阿清招了招手,和声和气地对她说:"阿清,你过来。"

阿清放下背篓,走过去,眼睛里泛着孩子的纯真。

"明天妈妈带你去雪野,你可要听话啊。"

"雪野是哪里?"阿清只觉得很开心,她没出过远门,最远就是去十里外的外婆家。听说要去雪野,自然很高兴。

"就是你大姨那里,很远,所以妈妈要送你过去。"

"我们去哪里干吗?"

"去给别人当媳妇。"

"我不要给别人当媳妇。"阿清甩下这句话就跑了,她觉得羞赧且恼恨,但是又说不出为什么。

第二天有许多人来她家,她大姨也来了,阿清隔着窗花纸瞧着那些人,都是没见过的,大姨看到阿清,笑着走过来想拉她的手,但是被阿清给挣脱了。她恼恨起她的大姨来,虽然平时是很爱她的大姨的,但是今天只觉得大姨欺负了她,万万不能让大姨拉着自己的手。

"快给阿清换新衣服吧。"阿清在跑的过程中就只听见大姨说了这么一句。

尽管阿清十分不情愿,然而还是穿上了大红色的新衣服。吃过饭,才9点,农村吃饭早,今天有事,阿清家的饭点就提前了一个多小时。

"走咯。"一个来的人擦了擦嘴说。

阿清就被妈妈给牵着,跟在那些人后面,自己的衣服被人装进一个木箱提着,小背篓也被人拿着,几乎属于她的东西都全部拿走了。阿清觉得恐惧,她幼小的心灵已经知道了,她再也回不来了,于是张开口哇哇大哭起来。妈妈抱起阿清,哄着,眼睛里泪水却在打转儿。大姨的眼睛也红了,却笑着。

阿清一会儿就不哭了,她睁大眼睛,看了看远去的屋子,看到了追着自己跑的自家养的大黄狗,它伸出舌头似乎在呼唤阿清回去,阿清冲大黄狗摇摇手:"狗,快回去,快回去。"

狗似乎听懂了阿清的话,就停了下来,伤感地望着阿清。阿清又看到了隔壁的小香和小辉,他们跑过来问阿清:"你去哪里?去给别人当媳妇吗?还要回来吗?"

阿清摇摇头,抿了抿嘴,似乎在说再见,却什么声音都没有。

沿着山道走了许久,就听到一个男人在大喊:"船家,把船摇过来,我们要过河。"一会儿后,一只破烂的木船就漂了过来,阿清没见过船,也忘了刚才的离愁别绪,挣脱母亲的手,跑到船上,但是又够不着,那个喊船家的人就一把把她抱了上去。下了船,再走许久的山路,路就渐渐开阔起来,人烟也多了起来，再走就是一个集镇了，那个男人就让大家都停下来，说："吃一碗荞面条儿再走吧，快到了。"

阿清呼呼地吃起来，她在家是吃过荞面的，但是从来没吃过这么好吃的。

又走了一段路，终于到了，阿清望了望，是一座很大的房子，比自己家大，而且是砖房，红色的砖就像是云霞那样红。阿清突然看到在众多的大人中有一个小孩儿，也穿着新衣，正盯着自己看，这么一看不得了，就把阿清看生气了，她别过头，再也不去看他。

晚上一番折腾后，阿清是和妈妈一起睡的，她睡得很香，第二天早上醒来就找不见妈妈了，连大姨也不见了，昨天一起来的人全都不见了。阿清就开始大哭起来，四处地找，但是连个影子都没看见，她就往昨天来的路上跑，她想跑回去，但是被一个女人给抱住了，她认得这个女人，就是这家的主人，阿清觉得这一切都是她造成的，于是就乱叫乱踢，但是那个女人就是不放手，嘴里反复地说："阿清，别闹，别闹，现在我就是你的妈妈了。"

"你不是我的妈妈，我有妈妈。"

阿清这么喊的时候就看到昨天那个小男孩了，他怯生生地看着阿清，大大的眼睛里流露出不解，阿清还是闹，但是一会儿就没力气了。

阿清开始几天都是不停地闹，也往回去的路走了许久，但是找不到路。最后阿清也没力气再闹了，就等着妈妈来接她。阿清觉得这家人对她都没有恶意，而且很喜欢她，心里也安定下来。这一家有五个人，两个老的，两个年轻的，还有一个小孩儿。

那个小孩儿老是跟着她,她走哪儿就跟到哪儿,只隔得远远的,一双无邪的眼睛上下打量着阿清。阿清故意不理她,其实她心里早就不讨厌他了,他很像她弟弟,阿清兴许有点喜欢这个小孩儿。但是心里另一个声音告诫自己,他是她仇人的儿子,万万不可和他一起玩。但是时间一久,阿清就明白了一些事情,她知道她再也回不去了,这里以后就是她家了,她也明白她就是那个小孩儿的媳妇。和她一起玩的一个小姐姐也是在去年给别人当童养媳的,阿清也觉得可以接受,只是回家的心思老是煎熬着她,越煎熬就越恨起自己的父母来,越恨就越不想回去了,她不想见到那对不要她的父母。

这天阿清正背着背篓去割猪草。阿清是很勤劳的,虽然这边的父母并没有叫阿清干活,但是阿清知道她这个新妈妈忙不过来,于是就把割猪草、烧火的事情揽了过来,她和新妈妈就这么有了一种默契,这让新妈妈很欣慰。

那时的雪野正是五月,油菜花盛开,到处都是金黄色的,漫山遍野都是。阿清刚走几步,就感觉有人在后面跟着她,回头一看,却是那个小孩儿,阿清也已经知道他的名字,叫骆言生,只是一句话都没有说过。阿清一看就笑了起来,原来言生也背着一个小背篓,背系搅着,小言生连背篓都背不成呢。

阿清就蹲下来,给小言生理好背系,把小背篓给摆正。忽然就听到小言生脆生生的声音:"阿姐,我能和你一起去割猪草吗?"

阿清顿时很感动,默默点了点头,小言生就笑了起来,露出一个浅浅的酒窝。

小言生没有力气,阿清就只给小言生装了小半个背篓,自己的装得满满的,回去的路上,小言生跟在后面,老是踮着脚尖从阿清的背篓里扒拉猪草。阿清问他干什么,小言生不好意思地说:"阿姐背得太重,我给阿姐分点。"

## Z

春去秋来,雪野的油菜花凋了又开,雪野的雪花停了又下,树木绿了又黄。阿清已经来雪野三年了。阿清已经13岁,言生也念书三年了,言生念书的侬玉小学不远,阿清每次干活的时候都喜欢去小学的那个方向,她从菜花田里伸出头来,望望侬玉小学那高大气派的教学楼,嘴里喃喃地说:"我家言生就在里面念书呢。"心里就一阵满足,于是又钻进花田里忙起来。13岁的阿清很多活都可以干了,外面的活儿中她能种菜,栽洋芋,压苕,插秧,能说得出来的都能做,而且做得极好,每年插秧的时候,阿清就和言生一块田,妈妈和爸爸一块田,他们约好比谁插秧插得快插得好。言生是读书人,不擅长农活儿,但是这时候也挽起袖子,跟在他阿姐后面,准备和父母比一场高下。13岁的阿清插秧极快,虽然言生速度很慢,但是这么一中和,速度也和父母的速度不相上下,而且插得更好,只是言生插得歪歪扭扭的,和阿清的相比一眼就能看出来。

阿清见到速度落后后,就笑着回头对言生说:"哎,读书人,快点嗦。"

言生不好意思地笑笑，也赶了上来，只是一会又落下啦，阿清很得意，她很享受帮助言生的快乐。

家里的活儿，阿清也干得像模像样的，屋里总是打扫得干干净净，床单呀，衣服呀，都洗得干干净净，阿清也会做饭菜，时常帮妈妈打下手。一家人对阿清都是喜爱得不得了。旁的邻居看到言生妈妈都羡慕地说："哎哟，你呀，好福气，找了一个这么能干的媳妇。"

晚上睡觉时阿清都是和妈妈一起睡的，言生和爸爸。阿清和言生说是夫妻，毋宁说是一对姐弟，他们甚至比别的姐弟更好，阿清有什么事情一准儿是和言生念叨，言生在学校有什么新鲜故事，也一准儿给阿清说。阿清帮言生洗衣服，洗裤子，总洗得很干净，使得言生在泥猴似的同学中总是穿得最干净的。有时候言生贪玩，衣服弄破了一个洞，回家怕妈妈骂，就悄悄告诉阿清，阿清就拿了针线，给阿清把洞补上，阿清针线活也是极好的，补出来的衣服像是新的一样。言生就给阿清讲故事，书里的故事，老师讲的故事，什么白蛇青蛇呀，什么牛郎织女呀，什么神鬼精怪呀，言生讲得很生动，让在旁边听的阿清心都提了起来，咋咋呼呼地说，怎么啦？啊，好恐怖，原来是鬼。一会儿又哀伤沉默，默默地走开，不理言生，过了一会儿，又贴着言生说：再给我讲一个吧。

言生不读书的时候就放牛，那时阿清必定是和言生在一起的，他们去水草最丰美的地方，阿清割猪草，言生就帮忙，牛不见了，阿清就帮着言生找。猪草割好了，牛也在，言生就和阿清玩过家家，他们玩这个游戏许多年了，就是玩不厌。阿清13岁了，照理说不是玩这个游戏的年纪了，但是和言生在一起就觉得正是玩这个的时候，阿清扮演媳妇，言生就扮演丈夫，阿清扮演姐姐，言生就是弟弟。

言生的作文写得很好，所以他们过家家时是有台词的，言生一句句地念给阿清听，阿清就一句句记下来，演的时候就说出来。有一次言生想了一个故事，说的是天黑以后的故事，有一句台词是这样的：天黑了，我们该睡觉咯。当言生一本正经念出来，让阿清跟着念一遍的时候阿清却羞红了脸，别过身子，耳朵根子都红了，扭扭捏捏的。

"阿姐，你怎么啦？"言生问。

"没什么。"

"你怎么不念了？脸怎么也红了。"

"不念了，没红。"

"为什么呀？还没演呢。"

"不演了，我要回家了。"阿清背着背篓就走了，也不理言生，言生只得牵着牛跟上去。

自此以后阿清就不和言生玩过家家了，言生不知道为什么，不能和阿姐玩，就跑去和别的女孩子玩，有一次阿清看到了，就冲上去不明不白地说一句："我再也不理你了。"

旁边的伙伴就拍着手大喊大笑："骆言生，耙耳朵，听媳妇的话。"

阿清和言生都羞得面颊通红，阿清就跑了，言生也没玩的心思就走了。阿清总归生气几天，然后就好了，又像小妈妈似的照顾着言生。

言生功课很好，回来的时候总是要做上一个小时的作业，那时阿清就说话也小声小气，走路也蹑手蹑脚，生怕弄出一点声音,就连在言生旁边溜达的鸡也撵走了,她觉得鸡的咯咯声会打扰到言生。

阿清在水池边洗衣服,边洗就边回头去看言生,言生一脸认真,根本就没注意到阿清的注视,阿清就噘着嘴,负气地盯着言生。这时言生总归会抬起头来,看看阿姐,笑笑,又埋下头去做作业。阿清就心满意足了,洗衣服也有劲了。

阿清的娘家父母也来看过阿清几次,见阿清生活得很好也放了心,而阿清对父母的恨已荡然无存,两边的父母都很爱她,阿清是很感激的。

阿清有一次去学校找言生,刚进入学校,就听见一大片哄笑声,那些小鬼头把言生推出来,对言生说:"骆言生,你媳妇来找你啦。"阿清就站着不动,低着头,脸上似火烧一般。言生像蛆一样扭动着,想从这些人中挣脱出去,然而他们将他抓得太紧,根本就脱不了身。言生感觉到羞愧,似乎做了一件见不得人的事,却恰恰被人给抓了个现行。

"放了我,放开我。"言生的声音很低,完全被人声给淹没掉。

阿清不知道该怎么办,在这群比她小两三岁的人中她第一次感觉到不适应,感觉到孤独,于是她把眼睛投向言生,她想让言生帮助她,眼睛眨了眨似乎在问他该怎么办。

言生的目光正好和阿清的目光遇到了,然而让阿清意外的是言生的眼睛一改平日的温顺,怒火在他眼睛中烧起来。

"你来这里干吗?你来这里干吗?"言生怒气冲冲地冲着阿清大吼。阿清完全没反应过来,似乎言生在说的不是自己,但是马上就意识到言生正在怪自己,那双眼睛似乎要吃了自己呢。阿清的脑袋"轰"的一声,然后就浑浑噩噩的。

旁边的人被言生的怒气给震慑住,一下子就把言生放开了。言生看都没看阿清,转过身去就往教室走去,口里大声地骂了一句,也不知是骂谁。

这是阿清第一次见到言生生气,又惊又怕,眼泪打着转儿,又似乎是不敢流出来。

等人都散了,阿清才从学校回去,一路上失魂落魄的。

"那个总跟在我身后叫我阿姐的言生去了哪儿呢?"

自此后,阿清就不去学校了,如果有什么事非得叫言生,阿清也只差一个小孩儿去学校找,自己是万万不愿踏进学校一步的。

## 3

一转眼四年时间就过去了,阿清17岁,言生14岁了。

阿清已经出落成一个大姑娘,粗长的黑辫子,泛着光亮,脸是颇为古典的鹅蛋脸,鼻子小巧玲珑,鼻头翘翘的,眼睛很大,那黑色的瞳孔,似乎是汪了一池秋水,起着寒气,迷蒙的,睫毛异常长,皮肤红润光洁,像是樱桃似的。身材也抽条了,整个人都散发出一种青春少女特有的气息。而反观14岁的言生,就乏善可陈了,五官都没长开,罩着一股稚气,身材也比他阿姐矮了一头。

阿清做事都有着大人的派头,在外人面前成熟稳重,已经以骆家媳妇的身份张罗着这个家了。

这四年中,言生的祖父母先后逝去,言生没有兄弟姐妹,平时还有祖父母疼爱着，现在祖父母都不在，言生就更感孤独了，幸好有阿清陪伴，也不至于孤苦。阿清是知道的，对言生也更加尽心尽力，大事小事都帮衬着。不明所以的还以为阿清是言生的姐姐呢。阿清也不当言生还是原来那个小孩儿了，她知道他是她的男人，所以也依着媳妇的本分对待言生，言生自然是觉察不出的。

阿清在言生面前，不管何时何地，都一向是温顺的，头低着，脸微泛着红，声音小声小气，像是刚出嫁的新媳妇，不过阿清都当了七年的媳妇了。

言生性格稳重，区区14岁就学着大人的样子，经常板着一个脸，连笑也难看到，只有在阿清面前才一团和气，叫干什么就干什么，从来不说个不字。自然，阿清是不让言生干活儿的，家里家外都不让言生动手，她只觉得言生是读书的，读书人就该有读书人的样子，不该去干这些腌臜的活计。只是不喜欢言生经常一副严肃的脸，时而调侃言生说："先生，笑一下吧，脸都要变成砖掉下来了。"

言生就笑起来，走过去，捏了捏阿清的手，笑着说："知道了，阿姐。"然而一会又板着脸，阿清后来也习惯了，有些人生就这副脸。

阿清被言生一捏，脸就红了，眼睛躲闪着，不敢迎接言生的目光，她心中是爱着她这个小丈夫的，然而她并不知道如何去把这个角色转换过来，就忸怩着说："小心被人看到了。"

言生就得意地，压低声音在阿清耳边说："这有什么，你是我媳妇嘛。"

阿清就举着拳头要打言生，言生早一溜烟跑掉了。

阿清回味着言生刚才说过的话，心就陡然一颤，脸又红了起来，心里却像是灌了蜜那样甜。

言生在吃饭的时候，总是眼睛热辣辣地瞧着他的阿姐，阿清察觉到了，狠狠瞪了一眼言生，就低着头吃饭，言生笑嘻嘻的，并不介意。当屋子里只有阿清和言生在时，言生就贴过来，阿姐阿姐地叫个不停，阿清不理她，自顾自地干自己的事情，言生没趣，站一会儿就走了。

那年的秋天，言生一家忙着收割稻子，在水边的稻田里已经干了一整天，稻子也都收完了，月亮高高地悬在天上，正是三五之夜呢，那条平静的小河，晕了一层雪光，朦胧美丽。阿清让爸妈先回去，她和言生将稻草绑起来，一个个垛起来晒干。忙了一会，阿清就听见言生的声音："阿姐，你看，今晚的月亮真圆。"阿清停下手里的活，抬起头来看了看夜空，月亮像是一个雪白的大盘子，星星点缀满了整个夜空。

"对呀，真圆，真漂亮。"

言生已不知何时走到了阿清身边，拉着阿清的手，望着阿清，在月光的笼罩下，言生只觉得阿清是那般美丽，是那般圣洁，真如那个从天上飘下来的七仙女。

阿清看着言生，一句话都不说，默默地跟着言生走到河边，坐在一块石板上面。月光微醺，河水清澈，远处人家灯火几点，这是一个梦般的夜，是一个夜里的梦。

阿清听到言生的心扑通扑通地跳着，自己的心也是，她感觉到晕眩，她挠了挠言生的手心，调皮地笑着，这时她已不感觉到自己比言生大，只觉得自己和言生是一般的，是一个人，是同一块土捏出来的，没有一丁点的区别。言生紧紧地捏着阿清的手,猛地转过头来,想要亲阿清,阿清吓了一跳,赶忙问:"你要干吗?"

言生弄得不好意思,红了脸,头也不知道该往前伸还是往后伸,阿清也自悔失言,脸早就红了,雪白的脖颈上,月光温柔。

"我……我想……亲亲阿姐。"言生吞吞吐吐地说。阿清的心似乎都要跳出来了,她摇了摇头,马上又点了点头。在这刹那,言生的嘴巴已堵了上来,正好盖在阿清的嘴唇上,阿清只觉得口唇一麻,身体就软了,顺势躺在言生怀里。言生用手摸了摸阿清的嘴唇,一句话都说不出来。

"言生……"阿清叫了一声也说不出话来了。

"阿姐,我会一辈子对你好的。"

阿清的泪水就流了下来,言生还想亲阿清,阿清就不让了,说了一声讨厌,就从言生怀里起来,接着去垛稻草了。言生看了看月亮,傻傻地笑了起来。阿清觉得太静了,就叫言生。言生回答了。阿清吞吞吐吐地说:"言生,不是阿姐不让你亲,只是你还太小了,以后再说吧。"

言生哽咽着回答:"我知道,阿姐,我知道。"

月亮还在刚才的那个地方,阿清和言生加快速度忙着,时常抬起头来看一眼对方。

言生眼看着就要初中毕业了,家里都打算让他去念高中。那些年,人们只要识得字就好了,是没有人去念高中的,但是爸爸妈妈已经决定让言生去念高中,作为依玉小学校长的二叔也支持言生去念高中,且提出愿意出钱支持。只有阿清闷闷不乐,在大家商量的时候就溜了出来,坐在石梯子上,望着星空发呆,言生也跟了出来,坐在阿清旁边,拉着阿清的手,轻声地问:"阿姐,你怎么啦?"

阿清却突然哭了出来,低泣着,言生一阵手忙脚乱,傻乎乎地给阿清揩着眼泪。

"谁惹你哭啦?"

"不是,不是,我只是伤心。"阿清语气不接地说。

"为什么伤心呢?"

"你要去县城念书了,我一想到要半年才能见到你就伤心。"

言生笑了起来,这刻他觉得他的阿姐并非一直是姐姐的角色,也有担心,也有害怕,他抱着他的阿姐,轻声安慰着。

"那我不去念高中了好吗?"

阿清又连忙摇头:"不好,你要去念高中,你是读书人,当然要念高中了。"

"那你见不到我怎么办呢?"

阿清抿抿嘴唇,毅然地说:"我等。"

## 4

言生的中考成绩很好,是他那个镇的第一名,已经收到县中学的录取通知书了。

过完这个暑假就可以去上高中了,正当言生在等待的时候,他的爸爸却失足掉在河里,不小心淹死了。

雪野的人,尤其是沿河居住的人,在雪野河涨水的时候,总会带着工具去河边捞从上游冲下来的木头,抓木头的人须得找一个水流较为平缓的地方,木头一下来,就扔出用绳子绑着的铁钩，稳稳地抓着木头，抓住了，就得拼力气了。言生的爸爸就是在这僵持的时候，被木头给带下了水，刚一下水，汹涌的河水就将整个人给卷走了，四乡八邻的人沿着河岸找了几天都没有找到尸体，应该是被水给带远了。

没有找到尸骨，言生就给爸爸葬了个衣冠冢。

一家人失去主心骨，日子过得昏天暗地的，人都如死去了一般。然而生活总要继续下去，妈妈自爸爸死去后就一直病着，言生尚在爸爸的死中挣脱不出来，这个家只有靠着19岁的阿清支撑着。屋外的活计都扔掉了，阿清除了每天做饭外，尚得给妈妈熬煮药草，言生整天失魂落魄的，在一个地方一待就是一整天，话也不说一句。阿清看着就只知道流泪，这几天眼泪似乎都流干了。她的心是很痛的，然而她不知道怎么办，不知道怎么安抚言生，只得把所有精力都放在照顾妈妈，照顾这个家上，丝毫不能让自己空下来，一空下来，那种蚀骨的痛就会涌上来。

十几天过后，妈妈的病情好了许多，只是人消瘦得厉害，言生也渐渐恢复了过来，然而总是无精打采的，那股精气神全然不见了。

一天，妈妈把阿清叫进去，对阿清说："言生的高中还是不要念了，家里没钱了，就让他帮着你做活吧，怎么着都是一辈子。"

妈妈盯着阿清，阿清含着泪摇了摇头，对妈妈说道："言生要念书的，他是个书生，不念书能干什么呢？"

妈妈也不知道说什么，闭了眼睛，滚落了两颗晶莹的泪珠。

从妈妈的房里出来，阿清到了言生的房间里，刚一进门就听见压抑的哭声，阿清的眼泪又哗地一下流出来了。进去一看，言生正躺在床上流着泪，他是没有看到阿清的，阿清也躺了下来，从后面抱住言生，脸颊贴着言生的背脊，低声地说："爸爸死了，你就是这个家唯一的男人了，你垮了，这个家就完了。"话还没说完就哽咽得几乎说不下去，说完后就抱着言生痛哭起来，从爸爸死后她一直都没这么痛快地哭过，总是压抑着，现在，她再也抑制不住了。许久后，言生转过身来，紧紧地抱住阿清，像以前那样用嘶哑的声音哄着："阿姐，别哭，别哭。"

　　第二天，当阿清起床时，言生早已起床了，他的眼睛还是红肿的，见到阿清不好意思地笑了笑，暗暗地叫了一声阿姐，阿清又不争气地哭开了，不过这次是悲欣交集。

　　那白色的挽联已经旧了，破了，纸屑飘着，阿清和言生就端着水去清理这些对联。此时，言生已经比阿清高出一个头了，所以都是阿清将布给洗好，拧干，再递给言生，而言生就踮着脚尖清理。阿清仰着头看言生，心终于放了下来，那个言生正在一点一点地回来呢。

　　每天言生都跟着阿清忙活着外面的活计，阿清是坚持不让言生做这些的，但是言生也不反驳，只是笑着，跟在阿清后面，阿清做什么就跟着做什么，阿清有时说的话多了，言生就喃喃地说地里这么久没人照看了，阿姐一个人忙不过来。阿清知道这是言生心疼自己呢，也就不再说什么，只给他分派轻松的活，言生笨手笨脚的，做错了，阿清也只是笑，指点一下，言生还是学不会，阿清就自己动手做，言生涨红了脸，不好意思地站在旁边。阿清扑哧一声笑出来，打趣着说："你是书生嘛,又不是干这个的,有什么不好意思的。"言生也不搭言,只是傻笑。

这时过路人看见了,听见他们几句玩笑话,就跑去和别的人说,说这一对越来越像夫妻了,恩恩爱爱的,看来要圆房啦。

阿清听到急得直跺脚,骂那些七嘴八舌的人,言生就握着阿清的手,让她别生气,说是生气气坏了身体划不来。阿清脸火辣辣地烫,想起那些风言风语,越发可恼,然而有什么办法呢?阿清也不知道自己是否真的生气,只觉得这气生得也有些甜蜜的味道。

言生还是跟着阿清忙活计,这下阿清犯迷糊了,外面的活计已经走上正轨了,只须偶尔照看一下就好了,而言生却像是小学生似的问东问西,似乎在学习做农活一样。一次阿清和言生在地里锄草,阿清正色道:"言生,你是读书人,明天就别来地里了,好好读书吧。"

言生不说话,这下阿清就拿出了姐姐的架势,也不是温言温语,而是颇为严厉的。

"你听到了吗?"

"阿姐……"言生顿了一下接着说道,"我不去念书了,在家里帮着阿姐。"

阿清呆了一下,眼泪就下来了,一句话都没有,也不理言生。言生愧疚,上去拉了拉阿清的衣角,阿清甩开了。

"爸爸死了,家里只有你和妈妈,妈妈又生病,我去读书,家里少了一个劳力不说,还要供养着我读书,这不是这个家能承受的。"言生低沉着嗓子说。

"谁说不能承受啦？"阿清抬起泪眼，一脸失望，"骆言生，你必须去读书，家里用不着你。"

说着就走了，言生扑簌扑簌地掉着泪。

阿清晚上叫来了二叔，她觉得只有二叔能帮助她了，二叔默默地来到她家，坐下喝茶，他和言生妈妈商量着什么，等言生一进门就开口说："去把你媳妇叫进来。"

言生就出去找阿清，阿清在石梯子上坐着。

"阿姐，二叔叫你进去。"

阿清就进去了，二叔喝了一口茶，看了看言生妈妈，言生妈妈点头同意让二叔讲，二叔就说道："你们也大了，刚才大嫂和我商量了一下，这个月十六你们就圆房吧。大哥死前也是这么打算的，现在家业虽然萧条了些，但做个酒还是成的。"

阿清和言生都低着头不说话，二叔也不看他们同意不同意，接着就说道："言生也准备准备，开学了就念书去。"

"可是……"言生刚开口想说什么，就被二叔给抢断了："可是什么？你家里我帮衬着，你读书的钱我出，你还可是什么？"

言生就说不出话了，低着头。阿清给二叔添了一碗茶，拉过言生，两个人给二叔郑重地磕了一个头。

## 5

雪野的八月是极美的，树木已经是一年四季中最葱郁的时候，山上的青杠树、杉树、枫树、柏树都葱葱郁郁的，叶子在阳光照射下泛着细细斑斑的光亮。树上的蝉叫，山间的鸟鸣，田里的蛙唱都是不断绝的，更别提那望不穿的湛蓝天空，那洁白悠闲的白云，更别提那清澈的河水，稻香的田野。

阿清坐在窗下，有些娇羞地，有些惊恐地看着外面的人，今天热闹了一整天，阿清还是一点都不累，因为她只出去拜了个天地。想着刚才拜天地的时候，自己和言生都是一副手足无措的样子就忍不住咧嘴笑了起来，怎么结束的，阿清全然回想不起了，只知道被人给簇拥着，挂红、磕头、喝酒，都是别人让干什么就干什么。堂屋声音大得什么都听不见，她轻声叫言生言生也听不见，想瞧瞧言生也没有瞧见，拜天地一结束就被人给推进来了，现在连饭都还没吃呢，而外面的人已经吃几轮了。

正在这时，就看到言生溜进来了，捧着一个大碗，里面装了好些菜。

"阿姐，快吃饭吧。"言生把饭递给阿清，阿清怔怔地看着言生，泪水似乎又要流出来了。言生连忙帮她拭去眼泪。

"阿姐，你太爱哭了，以后别哭了，小心眼睛会哭坏的。"

阿清点点头，正准备吃饭时才发现言生的脸上全被人给糊上了黑黑的锅灰，这是雪野这一带的地方习俗，新郎在结婚这天总归要被伙伴给捉弄的。

阿清看着言生，终于扑哧一下笑了出来，嗔怪着说："你去镜子前瞧瞧，看成什么样啦？"

言生果真去看了看，自己也嘿嘿笑了起来。

"你先吃饭吧，吃完了我来收碗，我去招呼客人。"言生刚要走，就被阿清一把拉住。

"过来,我给你擦擦。"

言生就听话地坐下来,阿清掏出手帕,小心翼翼地给言生擦着脸,这时正好有人进来,言生早一溜烟跑了。

那一个夜是雪野极美的一个夜,言生抱着阿清,听着窗外的夏声,月光从窗户溢了进来,照在阿清脸上,只把言生看呆了,那眉、那眼、那鼻、那嘴,都是美的,美得惊心动魄。言生感动得想流泪,却又流不下来,只是更加用力地抱着阿清。

"阿姐,你真美。"

阿清不说话,她在想事情,想7岁的言生,想10岁的言生,想17岁的言生。

"这个夜我是永远不会忘记的。"言生流露出诗人般的感伤,但是立马被喜悦灌醉了。

"你要去县城了,我好久也见不到你了。"阿清兀自地说,不觉得将脑袋缩进了言生的胸膛。

"我会给你写信的,放假就会回来看你。"

"我会好好照顾妈妈,照顾好这个家,等着你回来。"

"嗯,一定会回来的,阿姐,我一定会回来的。"

言生的别期终于到了,那时是八月中旬,言生尚有另一个同学也考进了县中,他们是约定一起去报到的。阿清和妈妈送着言生,那个同学的家人也送着他。他们一路鲜有说话,都在不停地赶路,这一去县城八十余里,都是山路居多,班车也没有开通到雪野,只到镇上,而雪野到镇上也有三十余里,而阿清他们相送,也不过送五六里,剩下的只有他们两个人走了。阿清红着眼睛,挽着妈妈的手跟在言生后面,他们两个读书人是走在前面的。天依旧是黑的,现在天热,乘着夜凉好赶路。

"别送了,就在这里分手吧。"言生和他同学似乎约定好地说。

阿清他们停住,言生给妈妈说了几句,就看着阿清,想说什么也说不出来。

"照顾好自己。"

"嗯。"

"你也照顾好自己。"言生说。

"嗯。"

"阿姐,等我。"

"嗯。"

言生同学已经道别完了,在路边等着言生。

言生对阿清说:"我走了。"

"嗯。"阿清的泪水又流了出来。

言生握着阿清的手,用力捏了捏,然后就转身走了。

那时阿清20岁,言生17岁。

言生在县中念书的时候,阿清和妈妈就勉力支持着这个家,很辛苦,但是也不说累,日子过得也还行。二叔除了给言生供养之外,还照顾着这家孤儿寡母,二叔没有子嗣,他是把言生当成亲生儿子的。

言生在学校总归是最努力的一个,用度也是最节约的一个,周末就去捡煤渣卖,也能勉强减轻一下家里的负担。他每年暑假寒假一准儿回去,回去帮着阿清干这干那,阿清也不太反对。

在言生高二的时候,同班的一个女生对言生表示出了爱慕，她是县里一个局长的女儿，长得也漂亮，功课也好。但是言生心里只念着他的阿姐，并没有其他想法，于是就拒绝了。拒绝的理由他却不敢说他已经结婚了，只是说学习要紧。对于隐瞒自己结婚这一事实，他感到愧疚，觉得对不起阿清，他后悔了，想去把真相告诉那个女同学，然而那个女同学已经将兴趣转移到另一个同学身上了。言生终于松了口气，越发觉得他阿姐的好来，这个世界上只有阿姐是对他一心一意的，为了这个，也是不能负她的。

生活虽然艰苦，时间却总在一点一点地往前。言生就快毕业了，他和二叔商量了一下，决定回侬玉小学当老师，考大学对于他来说是极不现实的。

## 6

言生终于回来了，那年阿清23岁，言生20岁。

阿清早早地去等待言生，那时的阿清已经是一个成熟的女人，头发用大红绳扎了起来，往风里一站，是那般楚楚可人。

言生提着行李，远远地看着阿清，快步跑过去，边跑边喊："阿姐……阿姐……"

阿清就笑了起来，觉得跑过来的就是自己初来言生家的那个小男孩，她觉得时间倒流了，自己和言生就好像做了一个梦。

言生依旧握着阿清的手，用力地捏了捏，像是当初送别的时候。

言生在侬玉小学当了老师，所有的课程都教，所有的年级都带，言生教课好，学生能听懂，学生有问题，去问言生老师，一准儿能得到正确的回答，不是像以前那样老师只让他们看书。

每年的期末考试，言生的班级考试一定是整个镇里几所学校中最好的，言生很受学生爱戴，家长见到言生都恭敬地叫一声先生，过年的时候还有许多学生来言生家拜年呢。

阿清和言生有了第一个孩子，然后有了第二个，再有第三个。

他们的生活过得平平淡淡的，但是很幸福。几年之后，二叔从校长任上退了下来，言生理所当然地成了校长，他当了校长后就一直没变过，直到三十多年以后退休。

在这三十多年中，他们的儿女长大了，孙子孙女也出生了。

言生和阿清没事时就在村里溜达着，一个前一个后，言生习惯把手背在背后，这是他当老师养成的习惯，阿清就在后面打趣言生道："哟，你都退休了，还端着校长的派头呢？"

言生就回过头来，对着阿清羞涩地笑了笑："习惯，习惯。"

阿清就笑了起来。

言生是在一个夜晚平静地去世的。

言生临走时拉着阿清的手笑着说："阿姐，我走了，你莫要哭。"

当天晚上言生就走了，阿清也真的没有哭，她只觉得这一生已经满足，而自己不多久也会追随言生而去，所以并不觉得悲伤。

言生的头七那晚，阿清在屋外乘凉，她看见她的小孙子龙儿在屋前玩水,水明晃晃地反映着月光,她走上去,叫了一声龙儿。龙儿却没有回答。仔细一看,这哪里是龙儿,分明是7岁时的言生嘛。

只见那小孩儿回过头来笑着,脆生生地喊了一声:"阿姐。"

阿清的泪水就"哗"地一下流了出来。

那一年,阿清78岁,言生75岁。

## 下一秒，你就是我前男友

文 / 海欧

一年前，和他分手快一个月的时候，我在微信朋友圈跟风发了条当时很热的消息："还记得我们第一次遇见时的情景吗？"

收到一些亲朋好友同学同事的回复，真好，有很多朋友都还记得，即使距离彼此认识已时隔多年，即使有一部分人已经许久不联系了。

这当中，就有他的：

"记得，一年前你在公交上佯装孕妇逼我让座我至今记忆犹新，那天你穿了件露脐装，没错，是露脐装，还踢破了我的膝盖。"

看完他的评论我就笑喷了，那年的情景立马涌上心头。那是个骄阳似火的周末，我去找同事游泳。天太热，图方便，我就穿了件露脐装，牛仔短裤，恰到好处地展露了我傲人的小蛮腰。公交车上人有点多，我站在一个"爱心专座"旁，座位上的男的在玩手机。这时上来一个孕妇，肚子很大了，我立马拍了拍眼前这个男人："你好，可以给孕妇让个座吗？"

他抬起头来，先是看了看我的脸，接着又看了看我露出的小蛮腰，表情很是不解。一秒钟后，他居然对我投来非常鄙视的眼神，然后继续低头玩他的手机！

这什么情况？

我被激怒了，小宇宙忍无可忍地爆发了："喂！你一大男人占着'爱心专座'还有没有良知了，麻烦让一下好吗？"

众人唰地看过来，他估计是被我骂怒了，回敬道："你一穿着露脐装瘦成精的女人装什么孕妇啊！好歹服装不要太穿越了好吗？"

众人"哈哈哈"地笑了。我又气又恼，转过头去寻找那名孕妇证明给眼前这蠢货看，哪知早有人给孕妇让了座，她已经坐下来了。

我顿时气得恨不得和这蠢货打起来，结果司机恰到好处的一个急刹车，把正在张牙舞爪的我狠狠地摔在了地上。手臂的关节摔紫了，头摔晕了，疼死了。

还没回过神，就被他一把抓起。然后他起身来，把我摁在了座位上，嘴上嘟哝道："不就是想要个座位吗，苦肉计都用上了，至于吗？不过，你还是蛮拼的嘛，哈哈哈！"

我不顾伤痛一脚踢破了他的膝盖。

下车时才发现我们竟然一起下车，还一起去那家游泳馆游泳，他看了我一眼，笑得至贱无敌："你一个孕妇游什么泳啊！"

"缓解孕期疲劳不行啊!"

结果那天由于都身负有伤,我们都没下游泳池。我是在公交上摔的,他是被我踢的。游泳馆的教练看到我们的伤,不允许我们下水,怕我们抽筋。

"既然游不成泳,那我请你去对面喝糖水吧!"广东人喜欢将烧仙草、双皮奶、果汁等冷饮统称为"糖水"。

喝完糖水,他跑去便利店买了瓶红花油。临走时问我要手机号,我白了他一眼:"凭什么给你啊!"

他笑:"因为红花油在你那里啊,你用完了记得还我。我现在也是个伤员,你要有同情心。而且,我是被你弄伤的,要是有后遗症什么的,你要赔我。"

"赔你个头!"

从此开始了漫长的电话不归路。一来二去,就熟了,他住的地方离我不远,坐公交三个站,步行的话大概半个小时。在一次结伴去我家楼下吃烤串之后,他顺利知道了我的住址,要求上去坐会儿。我那时对他也渐有好感,就领他去了我的房间。

结果,他只是坐在阳台听我弹了会儿古筝,然后随便聊了几句,就准备回去。那时已经过11点了,没公交了,打车软件在那时也还没被开发出来。我问:"你咋回去?"

他一拍大腿:"靠它们了!"

从此,晚上下班后他就经常来我楼下吃烤串,吃完上去听我弹几曲跑调的古筝再走半个小时的路回去。这一走就是两个月的时间,他说权当锻炼了。

对于我们前半场挽着袖子吃烤串后半场阳春白雪古筝淙

淙的场面,那画风前后确实有些出入。

"很难想象一个刁蛮的小姑娘坐下来,竟然可以弹出令人内心无比宁静的曲子。"他说。

再然后,他就表白了。其实是我逼他表白的。那天吃完串,我提议去散散步,路上我问他,为什么老跑来找我,他说废话,难道你不知道吗?

"难道,莫非是……"我承认我当时其实也是非常紧张的,"You like me?"

"嗯,啊,嗯。"他回答了三个字。

太不严肃了,一点都不浪漫!于是我没有给他答复。

第二天再散步的时候,他终于还是忍不住开了口:"喂,我说,你什么意见啊?"

"什么什么意见啊?"我白了他一眼,装矜持的绝好时机终于来了!

"那个……"他结结巴巴支吾了会儿,说道,"做我女朋友吧?"

哈哈哈,我内心窃喜。

就这样,我们在一起了。

据说性格相近的两个人,是很容易迅速相互吸引到一起的,但也正是由于太相似,有时候反而会更容易触到彼此的底线。

有一天夜里我们吵架,吵得很凶,我歇斯底里,说了很多恶毒的话。他当时的表情很伤心,还有些无助,可能是没看到过我如此恶毒的一面。后来我跑进卧室重重关上门,他在客厅里,我不知道他在做什么。过了半个小时,我拿起手机刷朋友圈,看到他发了一条非常绝望的朋友圈消息,大概是有点万念俱灰的意思,我忽然就有些慌了,跳起来跑到客厅,却发现他人不在。

手机放在桌子上,没带。手机旁边,是一堆纸巾,还有些湿润。

他哭了?天哪,他哭了!

我的心也跟着疼了。我跑出去找他,找了半天没找到,很担心,我也哭了。一个小时后他疲惫地回来了,我上前拉住他的手说:"我们不要分开好不好?"

他伤心地看了我一眼,说道:"你明明很爱我,为什么还要对我那么狠心呢?"

我们抱在一起哭了很久。

或许每个人性格里都有一些偏执的、难以改掉的地方,我们虽深爱彼此,但在以后的日子里,还是会吵架,我还是会说恶毒的话。终于有一天,吵累了的我们觉得离开彼此或许不失为一个很好的选择。至少,不用再这样吵下去,彼此轻松。

分手的那一个月里,过得非常煎熬,开始不断地回忆,想念他的好,也痛恨自己脾气为何这么差。

一个月后,也就是因为我发的那条朋友圈他回的那条评论,我们又聊了起来,然后他过来找我。这一回,我们没有吃烤串,我做了个番茄蛋汤,他红烧了个排骨,炒了个青菜,我们坐下来吃饭。吃的时候,他不断夹菜给我,说多吃点,看你这个月都瘦成什么样了。我抬头看看他说,你不也是。

然后我们就笑了。

现在想想，和好对于我们来说也没有什么特别的理由，主要是我们都放不下彼此，还是想要在一起。

这大概，就是伟大的爱情吧。爱是这世上唯一不需要理由的事情。

经历了分手，两个人的棱角没有那么锋利了，在一起相处的方式也更顺了些。懂得相爱又懂得了适合彼此的相处方式之后，我们就打算存钱结婚了。

存了一年，大头在我卡里，不多不少，够买一部车了吧。小头在他卡里，充其量也就够买个备胎。我因此傲娇起来，觉得自己就是个有车的人了。某次洗碗的时候我说："你怕不怕？！"

"怕什么？"

"怕我哪天席卷全部家当跑了！"

他头也不抬："不怕，我还有个备胎。"

我气得想拿洗好的碗扔他，结果他忽然认真地看着我说："你要是跑太快车胎爆了，我把备胎给你送去换上。"

顿时被暖得不行。

我说要去做头发，他问："要多久？"

"三个多小时吧！"

他惊呼："要那么长时间！"后来又想起来什么，问道，"你是不是要头顶着一圈乱七八糟的夹子坐在那里一动不动那样？"

我"呵呵"一笑，说："差不多吧。"

"真搞不懂你们女人为什么都喜欢给自己找罪受。"他默默地玩起了手机。

"你陪我去！"

"不去，我又不是神经病。"

"去不去？！"

"不去！"

"好的，我会做个VIP顶级版的秀发。"

"So what？"他不紧不慢。

"也不会怎样，就两三千块钱吧。"

他腾地从沙发上跳起来，一言不发地跟着我出了门。路上，终于憋出一句："一会儿你只管挑发型，价钱我来谈就好。"

怎么突然有种和老板逛名店的感觉——看中啥你只管挑，我来埋单！

可惜，是个冒牌老板。

我不止一次问他："为什么你们金牛座都这么抠门呢？金钱在你们眼里真的就那么重要吗？"

"不是。"他看了我一眼，继续说，"还有美女。"

"那如果让你在美女和我之间做一个选择，你会选哪个？"

"美女。"

"因为你已经是我的了啊傻妞！哈哈哈！"两年了，他为什么还是那么贱，呜呜呜。

现在，我们还是会斗嘴，但吵架的频率降低了很多，慢慢地也学会了包容和体谅。我想，下一秒，他应该就是我的前男友了吧，嗯，成为丈夫的前男友。嗯，丈夫就是前男友。嗯，我们可能要结婚了。

虽然，虽然他已经做过一回我的前男友了，嘿嘿嘿。

# 爱的时候有多好，分手的时候就有多糟

文/老丑

我知道，自己能成为男闺密、暖男或者说知心大叔这类群体，是有征兆和铺垫的。

这些人当中，有的是天生情商很高，有的则是后天阅历丰富，我想我是后者，愿意替人分忧。

还是参加工作那年，刚离开校园，每个人似乎都担心自己不入流，害怕周围没朋友，所以认真记下彼此的电话，动不动就联系一下。更有甚者，连幼儿园的小伙伴，也被他们在校内网上人肉出来，要出联系方式。

而我，则是常被要电话的一类人，也是众多同学的倾诉对象。因为打小儿起，我不喜欢炫耀、不乐意讲话，时间久了，便常被拿来当作听筒。

上班后不久，记得是一个大周末早上，我未全醒，接到一个匿名电话。刚一接通,耳朵未凑到听筒,就听出电话那边是个女生讲话,还微微啜泣。

刚想问她是不是打错了,电话那头抢先一步,说出了我的名字。

因为她情绪波动,时哭时停,所以好多信息我都没听清。大费周章过后,才搞清楚此人是我初中同学杨伊曼,恰巧也在北京。我的手机号,是她辗转找了好几个人才费劲巴拉淘到的。她此次来电的目的,是希望我能出面,陪她分手。

陪她分手?老实说,当时我也一头雾水,只记得据她描述,跟她交往那男的对她说,要分手可以,但临走前,得和她算一笔账。

她说同行的还有一闺密,要我去是考虑到我比较高大,若有突发状况,闺密可以报警,在警察来前,我可以帮她挡一挡。

要说人一无所有的时候,是最重感情的。我根本没考虑后果,也没想象血腥的场面,就记下了时间地点,答应了她。

见面的地方,是某家肯德基店,刚迈进店门,就被里面的安静吓到了,心想这地儿和咖啡馆、小书店也没什么区别,根本没有分手吵架的意境。

见面的时间,是八九点钟,我没迟到,看了看手机,才发现好几个未接来电,还有两条短信,告诉我她在二楼,已经到了。

点了份最便宜的套餐,装作路人甲,我走上楼梯,可楼梯刚爬一半,就听到有争吵声了,上去一瞧,伊曼和一男的坐在靠窗一边,另一个女生坐在五米开外,负责清洁的大妈,则跑上跑下。

那女生用唇语示意一下我,我心领神会,坐在她旁边。我这个角度,只能看到他们的侧脸,争吵声却能听得一清二楚。

我坐下的时候,正撞上那男的发飙,他不停地质问伊曼:"我现在这样,你开心了吧?满意了吧?舒坦了吧?"

伊曼擦了擦眼泪,也没说什么,保持沉默。

看她这样,男的似乎更有理了,于是提高了音量,说了一堆:"杨——伊——曼,这么跟你讲!要不是你,要没有你,我现在也不至于这样,整天在家待着,跟一群卖菜的天天砍价儿。"

伊曼有点忍不住了,好像说了句"我也没逼你辞职"这样的话,她哭哑了,声音又小,我没太听清。

"蝴蝶效应,你知道什么叫蝴蝶效应吗?从和你分手,到我辞职,再到我找不到新工作,没什么必然联系吗?"这种反抗,好像真戳中了男生的软肋,所以他又扯着嗓门,喊了一通。

伊曼又不作声,接着抹眼泪。正巧清洁大妈上来擦地板,男的有意识地压低了音量,这会儿他们说什么,就听不清了。

"怎么回事儿,怎么越听越糊涂呢?伊曼横刀夺爱,闹得人家妻离子散,还是怎么着了?"这个时候,我也顾不上自我介绍了,把音量压到最低,问对面的女生,伊曼的闺密。

"什么啊,你想多了,就普通的分手。"

"那男的说的什么辞职,什么在家待着,都哪儿跟哪儿啊?"显然,这不是我想要的答案,于是我接着问。

"伊曼没跟你说吗?"闺密诧异地望着我。

"那天我没睡醒,再说她边打电话边哭,没怎么听清。"

"挺简单一个事儿。俩人同事,上班时候处的。那男的,怎么说,挺拔尖儿,也挺好面子的,公司换领导,他跟新来的上司合不拢,就一心想要辞职。可伊曼人缘好啊,交际各方面也不差,到哪儿都能吃得开。谁知道,他一看伊曼和领导说话就生气,后来俩人就总因为这点破事儿吵来吵去。最后没办法了,他就逼着伊曼也一起辞职。"

一句话太长,她喝了口可乐继续说:"伊曼干得好好的,怎么能辞职呢?接着那男的就说分手,完了一气之下也辞职了。不过后来,好像一两个月了,也没找到个像样的工作,现在在家待着呢吧,可能。"

"那目前是——"

"俩人早就掰了啊,只是这男的不甘心,前两天又吵着说,让伊曼把他之前送给她的东西,全还回来。"

"哦哦,难怪那天说什么算账。"听完闺密一番叙述,我终于大彻大悟。原来此男此行,只是想找一个出气筒,撒他一腔邪火罢了。

前后想想,伊曼到底做错了什么?

她与老板之间,关系好不好都与男人无关。只是男人看来,我跟他不和,你就必须随我。

她辞不辞职,也和男人未来的前途没边。分手是他提的,裸辞是他选的,即便千万只蝴蝶,也扯不出伊曼的丝毫瓜葛。只是男人觉得,我喜欢你,你就得顺从我。

说白了这哪叫爱?不过是一个极度自私的男人,打着爱的旗号,肆意指挥着一个玩偶,帮他实现欲望罢了。在他眼中,爱最多算是名义、手段以及借口，使你更加听命于他。

他过得不好，他也要你陪他一起遭殃。

即使分手，他也要溅你一身狗血，让你怀揣愧疚，不得安宁。

但对待这样的男人，伊曼为何还是一副愧疚样，忍耐对方？当时我不明白，只是捋顺了事情的前因后果，辨别了是非对错。

接下来几分钟，我也就继续装着路人，吃着薯条汉堡。而对面的两位，似乎又回到了前面的循环，一个不断叨念，一个不停哭泣。

也不知哪句话，终于激怒了伊曼："算了！求你别说了！"这两句，是我听她说过最清晰的话了，一字一句，铿锵有力，"你要的东西，我都带来了，一样不落，全给你！"

拖地的大妈愣住了，赶紧简单收拾几下，提着水桶下楼离开。

再顺势望去，伊曼起身，把手提包放在桌上，一边掏一边数："这是水杯、手链，这是胶卷、相机……你自己看吧，还缺什么？"

本以为此男会留点节操，收起东西也就罢了，谁知他却当着对方的面，一一清点起来。我和闺密对视一下，眼神里透出的，皆是鄙视。

沉默一段时间，怎料此男竟大言不惭，对着伊曼淡定地说："我怎么记得还有一个抱抱熊？去年生日我送你的……还有……这相机你都用过了，得给我折旧费。"

伊曼气坏了，起身就掴他一嘴巴，然后转身跑开。那声音，大快人心。

此男正要追出去还击,我和闺密两人都起身了。两三步,我就跑上前薅住那男的衣领,给他拽了回来,然后按到座位上。

年轻气盛,我正想揍他两拳,伊曼跑回来叫住了我,说不值得。我松开他,掏出钱包,扔给他五百块钱,然后故意抱着伊曼离开。

走出餐厅,已是半夜,路灯把三个人的影子照得好长。三个影子,分明连在一起,可伊曼还是那么孤独。

回过神,我松开手,她随即又扑在闺密的怀里,放声大哭。

我不知道放开她对不对。我知道她是需要安慰的,却又不知道说点什么,如何开口。

我不知道刚才出手,算不算过分。或许这样,多少能让她好受,或许此刻,她不希望自己好受。

"至少你现在知道他什么样了,不是吗?"闺密拍拍她,似乎读懂了我的尴尬。

"至少你现在知道他什么样了",这话多耳熟,多响亮。

有人常常夸耀自己的功德,只说自己为爱,一心付出。但事实上,这些人的爱,很多时候也不过是个幌子,自私才是本性。

有人善良至极,总想替对方找借口,说他都是因为爱,才会如何如何。实际上,不是她们心善,而是她们太蠢,一直忽略对方的人品,甚至,为此背负半生。

花前月下,更多的荷尔蒙掩盖了更多的缺陷。

不管恋爱多久、结婚多长,或许你都无法真正了解另一半,可一旦分手离婚、瓜分财产、撕破脸皮以后,你才能看清他的人品与真容。

爱的时候有多好，分手的时候就有多糟。

此刻秋风刺骨，却吹醒了一个啼哭之人。

擦了擦眼泪，她说走吧，我请你们喝酒，今晚一醉方休。

醉了，她劝我们别替她担心。

她说彻底看清，才会彻底放下，不把往日情分全部打翻，也不会真正甩手分开。

不过是一次别离，看透一个人，甚至比爱上一个人更重要。

## 请叫我"不完美小姐":流浪小猫成长记

文/马超

**1**

在遇到他之前,我没有名字,大多数人叫我"猫",也有人喊我"死猫",但这些称呼在我看来完全没有什么不同。我不知道我是如何来到这个世界上的,正如同我不明白为何来来往往的人们总要对我投来嫌厌的目光。

每一天,我都在街角路边独自徘徊。我没有心思去看马路上那些川流不息的"四轮怪物",因为它们发出的"嘀"声经常把正在觅食的我吓得被毛倒竖,然后四处逃窜。在一次逃窜时,我看到一个浑身裹着皮毛的生物走过街角,怀里还抱着一只我的同类,尽管距离并不算近,但我还是看到了它眼中深藏的恐惧——在小而圆的脸上深深地陷有两个洞,那洞里散发出凄迷的光。

一身皮毛的生物把我那弱弱小小的同类丢在了路边，然后慢悠悠地走开了，啧啧，那腰身如同水蛇一般地扭着。我吃力地爬过去，对那瑟缩着小小身躯的同类充满了好奇。本打算暖一暖它，可你们哪里知道，其实我也被寒风吹得冷透了身子，不仅四只脚爪是冰冷冰冷的，就连那颗心也是凉透底了的呢。

我缓慢地爬到它的身边才发现，它长着一双很漂亮的天蓝色眼睛，身上的毛皮光滑且美丽，在太阳下泛出淡黄色的光。它很友好地伸出温软的小舌头来舔我。就在这时，我听到一个声音说："哈，小猫！这里有两只很可爱的小猫呢！"

循声而望，眼前竟是一个身材修长的男孩。见到他的瞬间，我就在他眼底的那抹光亮中臣服了，这目光使我感到安全而温暖。

## 2

他把我们抱回家后，指着一个看起来很舒适很暖和的地方说："乖，这就是你们的猫窝啦，而这所房子，就是我们共同的猫窝。"

他给我起名叫"维娜"，给它起名叫"沧"，他说我们以后一定会很幸福地生活下去，他还说他的怀里就是这世界上最温暖、最安全的地方。在与他相伴的那些日子里，真巴不得每时每刻都被他抱在怀里，有时我会生我那小同伴的气，因为有了它的存在，他的爱必须一分为二，尽管他对我更加偏爱一些。

但我想要的，是他全部的爱，全部的心，是整颗的心，只装着我的心。你们总该理解一下我这只矫情又霸道的流浪猫的玻璃心吧。

不过，那次我生病时，他那么紧张地把我揽在怀中，让我小小的头紧靠在他的心口处，倾听着他的心跳，那种感觉还真是一种享受呢！他吻着我的头，不住地说："乖，维娜。你会好起来的。"或许正是从他温柔地抚摸我那并不柔滑的被毛的那一刻起，我便认定他是我生命中最重要的存在。

尽管我不会说人类的语言，却能读懂他的目光，他心里的喜怒哀乐都瞒不过我。和我同时来到他身边的小沧每天除了吃就是睡，它似乎不那么喜欢他，而他呢，看起来也不是特别在意小沧。

每当我一想到这些，心里就喜滋滋的，仿佛天地之间只有他和我这两种生物存在着。

是的，他存在着，并且我能够感知到他的存在，于我而言，这便是"猫生"的全部意义。

秋去冬来，他似乎愈发地忙碌了，每天早上他出门时总会说："我去上班班啦！"而我则从卧室迈着碎步跟随他来到玄关，看着他开门、回头、微笑、转身、关门，那一扇门就把他和我隔开了——至少有10个小时不能看到他。

这种感觉，就像整个身体都沉进了冰海里，巨大的孤独感死死地拖着我，一直要把我拖到海底。四周一片黑暗，还有难以言说的寒冷。

但是我知道，每当天色黑下来后，他一定会回来的。所以，当小沧问："他是不是丢下我们不管了，不然为何还不回来呢？"我都略带嘲讽地笑着说："他肯定不会丢下我的，至于你嘛，那就难说了，喵。"就这样把小沧气得跑开。但是，当我们听到钥匙插进锁孔发出声音时，便老老实实地站在门口处等待，我知道，是他回来了，带着一身寒意，只是那张熟悉的脸上，依然满满的全是温暖的颜色。

吃过晚饭后，他总会抱起我，讲述这一天经历的事情，但每次我都是听一会儿便觉得乏了，他就把唇贴在我耳朵上，哄我入眠。

可是，在某一天他回来时身后居然还跟着一个披散着长毛的女人。我知道，那是人类中的雌性，喜欢香水、喜欢美丽的服饰，喜欢把各种美味往嘴巴里塞，喜欢花些心思把她中意的人留在身边，而她这么做的目的也许只是要他给自己花钱买乐子而已。哼！别低估一只猫的智商。

这长毛怪物看似友好地向我打招呼，我从嗓子里发出呼噜呼噜的叫声："马脸兽！"但令我气愤的是，她不仅不生气，反而咯咯地笑着，她竟然还抱了一下他："瞧！你的猫咪很欢迎我呢！"

哼哼！愚蠢的人类，我分明是叫你这马脸兽滚开。

很明显，小沧也非常不喜欢这个浑身浓香的"入侵者"。可我看得出来，他很喜欢她！但我丝毫不担心他会抛下我和小沧不管，在他望向我们的目光里，荡漾着比从前更多的喜爱。他对现在的生活很满意：有猫、有书、有音乐，还有能够陪他说话的美女。他现在的幸福很完美，当然，这是我猜的。

如果不是因为那次意外，我想，我和我那帅气有爱的大伙伴儿一定会永远这样完美地幸福下去。但也正是因为那次意外，才让我成为这世上最幸福的猫——当然，这还只是本猫自己的猜测。

## 3

我发现我的主人是一个笑点与泪点同低的人（可为什么就不是情商与智商齐高呢）。第一次见到雪花飘落的我，开心地满屋乱窜，而我的主人却很夸张地笑倒在沙发上，有时看到他这弱智的表情，也真觉得好笑。"走咯，维娜！带你出去看雪咯！"他用一条大围巾把我严严实实地包裹起来，可他哪里知道，本猫只想感受一下在雪地里奔跑是个啥子滋味，我根本就不喜欢被人包裹成粽子状。

实话说，自从被他抱回家后，本猫就再也没见识过门外的世界了。以前尽管是如此不喜欢这个冷漠而粗暴的世界，可在家里憋闷坏的我还是很渴望出来透透气的，因此刚来到住宅楼外，我便在他怀里使劲地挣扎着，试图从他怀中一跃而起，然后完美落地，然后，在雪地里开开心心地撒欢儿。

可是当我从他怀中挣脱出来却还没有来一场优雅落地的表演时，不知从哪里冲过来一辆四轮怪物，那刺耳的声音着实吓坏了我，我一时竟不知道该往哪里躲。我的身体还没落地，就感觉到一阵钻心的疼痛，我听到他惨叫一声，紧接着，就看到他倒在了不远处。

地上有红色的液体在流动。我拼命地发出嘶叫，但就在叫出声音的刹那，便开始觉得身体轻飘飘的，就像天上飘着的雪花一样轻盈。

只是,身上很痛。这疼痛感提醒着我,此刻真是半死不活最痛苦的时候。

## 4

我的任性最终使我失去了一条前腿,我从一只四肢健全的猫沦落成了一只"三脚猫"。而我的主人,为了扑过去救我而被车撞倒,因此他那原本平整的脸上多了一道伤痕,同时赔掉的,还有一只眼睛。

在最初的几天,我哀哀戚戚地躺在他怀里,嘴里不住地发出低低的哀鸣。我怕得不得了,我以为他不再爱我了,我以为他肯定会丢弃我。但是,他没有。在送走了那个马脸怪兽之后,我那脸上缠着绷带的主人流着眼泪说:"维娜,小沧,以后这个家里就是咱们三个的天下了。"

他像往常那样拍了拍我的小脑袋,试图给我一些温暖和安慰,我看着他那脸上挤出的令我难以理解的奇怪的表情。或许他是想用这种方式告诉我,一切都别担心。可是,我的主人啊,如果你真的"什么都不担心",为何你双唇紧闭,浑身都在颤抖呢?

"你还是爱我们的,对不对?不然,为何你要拜托朋友往家里送来好多好多的猫粮和猫砂呢?你一定很心疼我,对不对?不然,为何你总是在临睡前亲吻我那截肢后缝合的伤口呢?可是,我不再如以前那般完美了,就连走路都是摇摇晃晃的,你真的不会嫌弃我吗?"我在他耳边一口气说了很多。他努力地睁大那只没有受伤的眼,然后轻轻地把我揽进了怀里。

尽管他对我们这两只小毛绒球还是一如往日那般疼爱,但我却明显地感觉到,他和以前还是不一样了。以前,他总喜欢笑,每天我一睁眼,看到他在笑;我吃饱了看风景,忽地一回头,看到他在笑;他给我洗完澡后,用吹风机吹我的被毛,我一边忍不住地骂街,一边享受着他的微笑。可是现在,他几乎都不笑了。

小沧悄悄对我说:"主人现在过得不开心吗?他为什么脸色那么难看啊。"

我嘴里咕哝了一声:"难道你不知道主人受了重伤还失去了一只眼睛吗?"唉,其实我自己不也是只剩下三条腿了。小沧望了我一眼,然后"喵嗷"叫了一声,便跳上床趴在枕头上睡过去了。

是哦,自从出了那场意外之后,家里的气氛一直都是怪怪的呢。他不再早早地起来锻炼了,也不在淋浴的时候唱歌了(虽然不怎么好听),很少做猫饭了,只是拜托宠物店的朋友把猫粮送到家里。

我在痛苦和悔恨中迎来春季,可他却似乎永远活在了那个噩梦般的冬天。原本还指望着他再带着我们出去散步,可这家伙却一直懒懒的,也不喜欢说话了。

不行啊,这样下去我会疯掉的。我不想看到他这么消沉的样子,我必须采取一些行动了。

"喂,起来了。懒蛋,快点儿起来!"我跳到他枕边,一遍一遍地叫着。

"维娜,干吗?"这懒鬼低着声音回应我。

真懒啊。"快点儿起来了,起来锻炼。"我用仅有的一只前爪拍着他的脸,就像他经常轻轻地拍我的小脑袋。

"维娜,我想再睡会儿。"声音里满是不情不愿。

"喵嗷,起来锻炼!"我继续不依不饶。

尽管在他受伤后第一次给他"叫早"就严重受挫,但我本着数日如一日的原则,终于让他在连续不断的猫叫声中彻底地清醒起来。望着他挂着伤痕的脸,我不停地用头蹭他的手,只是那修长的手指似乎比往日少了些温暖。

## 5

其实我一点儿也不喜欢春天,整日都阴雨绵绵的,不论是人还是猫,在这种环境下都是懒懒的。不过,有一件事情倒确实值得本猫大大地开心一番。

我一直深信,像乐观这种东西那是先天就存在于人的性情之中的。就像我那神经质一般的主人,尽管此前遭受了人生中巨大的不幸,但这并没有阻止他带着性情中的乐观因子,闪闪发光地奔跑在通向未来的人生道路上。而他之所以能在短时期内打起精神、继续折腾——哦,不对,是"奔腾"在幸福的道路上,我想,这绝对是我这只三爪猫的功劳。

你们知道的,在出了那次意外之后,我的主人无法继续留在单位里了。只剩下一只眼的他还要照顾我这只三条腿的猫以及另外一只饭量奇大的我的同类。可是他已经无法正常工作了,那么该从哪里弄来钱呢?

为了这事儿,他整日都无精打采的,可我却觉得,能这样停下来思考一下人生也不错。人啊,往往就是因为跑得太急了、太快了,所以才常常找不到前进的方向。虽然我是一只猫,但我经常有时间去思考问题,不仅思考我的"猫生",还试着从人的角度出发去思考"人生"。尽管我是一只猫,但我想我是一只最懂人心的猫。

为了能让我那对生活失去热情的主人重拾对生活的希望,我开始变着法子逗他,记得刚来到他家里时,我跳上跳下、窜来窜去,一刻都没得安静,往往是把他的房间搞得凌乱一片,末了他还咯咯地笑个不停,虽然那样子看起来二货了些,但现在还真是怀念那样的时光。

许久看不到他的笑脸,本猫那时的心头简直比他的房间更是凌乱。小沧为了逗他开心,经常把圆滚滚的身体团成一个毛球,它嘴里咕哝个不停,那意思是在"求夸夸",而他只是露出很淡很淡的一抹微笑。每每此时,我们都灰心不已。

那一天,我看到他桌子上散乱地摆放着几张白纸,一时兴起,便把那唯一的前爪伸进了墨水瓶里。我聚精会神地在白纸上印下一个又一个小爪印,而且想着用这些爪印组成一个什么图案才好。

"哎呀,你真是个天才猫!"他惊讶地叫起来。

哎哟,第一次这么被他夸奖,本猫结结实实地羞涩起来。

看他从抽屉里拿出彩色铅笔,低下头开始在纸上写写画画,不时地还停下来思考一番。我静静地卧在书桌一角,两眼一刻不离开他。偶尔,我们的目光对在一起,我看着他的表情在焦躁、怀疑、不安、平和之间不停地转换着。当我再次迎上他的目光时，我竟然看到他的脸上出现了久违的笑容，而那时夕阳的余晖正好透过窗子落在他的脸上，我在他的笑容里仿佛看到有一个幸福的梦，正开始酝酿。

## 6

咳咳，我的主人、暖床好伴侣、最佳厨师、铲猫砂大将军、中国好保姆，他的第一本漫画集终于正式出版了。但是你们可别忘了，没有我和小沧——确切地说就是我哦，那就没有他今日的成功（请原谅我这个死不要脸的自恋喵星人吧）。

现在，我们的日子快乐得不得了，尽管我和他那残损的身体上还明显地残留着那场意外的痕迹（那得是眼神多差的人才能无视我的三条腿和他的一只眼啊），可到底，我们还是这样幸福地生活下去了。

虽然没有了完美的身体，但快乐却饱满地绽放在我们的生活中。他在漫画里记录下我和小沧的日常小故事，随着他的粉丝不断增多，本猫的受关注程度也在持续上涨。不要不服气，他能走到今天这一步也是克服了许多常人难以想象的困难呢。

所以啊，可不要小看一只猫啊，在古埃及人看来猫可是神明呢！但我的主人经常把我看成是神经病（我能说他就喜欢神经病吗）。虽然现在的小日子过得还不错，有他和小沧陪伴着我，但我依然不会感谢那场意外——我想不会有哪只猫会神经到感谢一场让自己失去一只前爪的车祸吧？可事情既然已经这样了,那我就接受这不完美的身体,陪着他不完美地幸福下去吧。

——我说,我的主人,下次你再出版漫画书时,可不可以把我画成三条腿的猫呢?

# 你在我脑海里，光芒万丈

文/陈若鱼

## 1

北京下雪的那天，孟小诗再一次丢了工作。

她灰溜溜地抱着自己的物品，走到五道口去挤回家的地铁，雪很小，但还是白了她的头发，她望着路过的橱窗，不知不觉就停了下来，她看着玻璃里倒映出的自己，许久之后，想起的人却是赵西烈。

因为她蓦地想起，曾经有一次她和他也在这样一面橱窗下走过，她还记得自己对着玻璃悄悄理了一下被风吹乱的刘海儿。

那一刻，她忽然发现联想是多么可怕的东西，两年前他刚离开北京那会儿，她总是会因为生活中的某些细微的事而想起他，哪怕只是同一个牌子的香烟，她也觉得如此雷同。

那时候她还有点少女的情怀，在博客上写着：他离开的脚步走在我的心上，从北京到上海，给我留下1208公里的伤心。

## Z

晚上，孟小诗请室友去吃螺蛳粉庆祝失业，对方连连拒绝。

"每回你失业都要吃螺蛳粉，你放了我吧。"

室友说完跟异地男友煲起电话粥，她一个人坐地铁去几公里外的蓟门桥。

她站在地铁口，北京十二月的晚风尖得像刀子划在脸上。

早上开会的时候，她被主管毫不客气地开除，原因是不尊重客户。她越想越气，对着空气说："难道还要我对一个对我动手动脚的人嬉皮笑脸吗？我只不过用高跟鞋踩了一下他的脚而已。"

这些话，原本她是想跟室友吐槽的，可现在只能被吹散在风里了，自从赵西烈离开以后，再也没有一个人会帮她一起义愤填膺了。

孟小诗愣了一会儿，突然就落了泪。

认识孟小诗的人都会说，这姑娘不错，就是太直接口无遮拦。她所有的喜欢与讨厌都是摆到面儿上的，所以她容易得罪人，大学毕业后实习的时候，她得罪的第一个人就是赵西烈。

那时，她刚入职三天，主管给她一份策划书让她分析优劣，她当着一桌子人的面儿把赵西烈的策划，损得一无是处。

赵西烈自然面子挂不住，在心里以为跟她结下梁子的时候,第二天一早在公司楼下碰见她,孟小诗又眉开眼笑地夸他一句:"赵西烈,你今儿这件衬衫真不错。"

而赵西烈想的却是,这姑娘笑起来可真好看啊。

从那天开始,赵西烈对孟小诗就再也讨厌不起来了,当部门里有人说孟小诗简直EQ为零的时候,他也只是埋头喝咖啡。

他想,她只是忠于自己的内心,这样的姑娘永远都不会成为生活的傀儡。

## 3

世界上虚伪的人太多,容不下任何一个真实的人,一个月后,整个公司不与孟小诗为敌的就只剩下赵西烈了。

赵西烈爱吃螺蛳粉,那时候北京还只有一家正宗的柳州螺蛳粉,去吃东西的人可以排到蓟门桥台球馆,而孟小诗正巧就住在那附近。他帮她跟同事化解矛盾,她就帮他排长队,然后两人一块儿吃螺蛳粉,然后一同散步去体育馆。

赵西烈只大孟小诗一岁,除了性别跟她相反以外,有许多的相同点,都是浓眉大眼,笑起来一口大白牙。路过天桥的时候,孟小诗被白胡子溜溜的卜卦大爷一把拉住说:"姑娘啊,你们很有夫妻相,你将来一准儿嫁给他,就给我五块钱得了。"

后半句话风转得太快,孟小诗忍住笑对卜卦的大爷一脸严肃地说道:"他是我舅舅。"

卜卦的大爷一愣,去拉别的人了。

孟小诗一瞧赵西烈,在昏黄的灯光下,他竟然红了脸,还嘟嘟囔囔地说了一句:"现在算命的都这么主动了。"逗得孟小诗哈哈大笑。

孟小诗和赵西烈被人群推着走下天桥,北京城拥挤的街道,她的手总是无意间被推到他的手边,在十月的秋天里,有温暖的触感。

孟小诗当时突然冒出一个念头,对赵西烈说,做我男朋友吧。

她说出口了,只是声音太小,赵西烈回头问她说了什么?她看着他的眼睛说,螺蛳粉真好吃。

## 4

孟小诗在公司除了人缘不好,工作上算得上不错,少年得意自然轻狂。可那天,她一句话惹怒了主任,被叫进去训了半天后,让她辞职走人。连外头的赵西烈都听见了。

可最终,孟小诗还是留了下来。原因是,一向骄傲的她竟低着头跟主任承认了错误,还发誓以后在公司会谨言慎行。

主任考虑到她的工作能力,勉强答应了。

下班以后,赵西烈请她去王府井吃饭,他想这么骄傲的姑娘心里一定憋了一肚子的委屈,可那天孟小诗却没有抱怨一句话,还一口气吃了他一个月的水电费。

吃完饭的孟小诗,望着夜灯如昼的王府井大道说,长到22岁,她终于知道什么叫委曲求全。

赵西烈问她为什么?

"因为我傻啊。"

她没说完的是,她喜欢看赵西烈坐在办公桌前皱着眉头写方案，咬着笔杆儿焦头烂额的模样，她喜欢看他每天早上意气风发地从地铁站走到公司楼下，每次讲方案的时候紧张成大舌头。所以她不想离开。

赵西烈送孟小诗回家，两人边走边谈天。

孟小诗说，她一点不适合职场，等她赚够了钱就回浙江开一家小店，了此余生。

"什么样的小店？"

"什么店都行，赚了钱就开车去上海厮混。"孟小诗说完，自己乐了半天。

赵西烈看着她笑，若有所思地看了看北京的高楼。北京多贵啊，就算在五环外开一个店也跟付个首付一样难。

## 5

孟小诗生日，赵西烈特地请假陪她。两个人都是刚交完房租，两手空空没钱庆祝。

"不如，去我那儿吧。虽然简陋，但是有暖气，我还可以给你煮一碗长寿面。"

赵西烈说这句话的时候，并没多想，孟小诗也是单纯得可爱。可是当吃完长寿面后，狭隘到十平方米的半地下室，两个人突然就显得拥挤起来，连呼吸都听得见。

气氛变得尴尬起来，但孟小诗又觉得有一种暧昧而模糊的快乐。她感觉那天晚上赵西烈想说什么或者想做什么，但最终什么都没说，也什么都没做。

夜里十一点半，下起雨来，赵西烈局促地站起身送孟小诗去搭最后一班地铁。一路上，孟小诗都有一种想要留下来的冲动。

在地铁口的时候，孟小诗在花坛边发现一只黄色的小奶猫，在十一月的寒风里叫得可怜。赵西烈见她犹豫，就把猫捡回家了。

许多人在北京都爱养猫，因为孤单，但没有在北京扎稳脚跟的人，离开之前就会把猫抛弃，所以北京的流浪猫特别多。

赵西烈别有用心地对孟小诗说，这是他们俩的猫。

## 6

孟小诗喜欢赵西烈，公司很多人都看出来了。

但所有人都抱着看笑话的态度，甚至有人说，谁会摊上个这么不懂事的姑娘啊，孟小诗觉得是时候跟赵西烈表白了。

她想她的表白怎么也得比方案有创意，所以她决定光棍节那天表白。

可是，在十月的最后一天孟小诗突然得知赵西烈要被外派去上海分公司，孟小诗冲到他办公桌前，直截了当地说："赵西烈，我喜欢你。你还要去上海吗？"

赵西烈被她吓了一愣，好一会儿才恍过神，他看着眼前的孟小诗，良久说了一声对不起。外派对于新人来说，就是考验和提拔，任何一个想要往上爬的人都不会放弃这样的机会。只是孟小诗以为，她于赵西烈来说是有那么一点特殊的，可现在，她什么也不敢想了。

赵西烈走之前请孟小诗吃饭，她没有赴约。

她再去公司的时候，桌上放着一只猫笼，那只小黄猫可怜巴巴地望着她。她叹了口气，把它带回家。

三天后她辞职，回家发现它不见了。

## 7

孟小诗吃一碗螺蛳粉，吃得泪流满面。

当年赵西烈去上海以后，她一赌气就删掉了他所有的联系方式。那时，她有少女的一往情深，也有少女的自尊心，她不会刻意去找他，他也就真的从她生活里消失得一干二净。

两年过去，她的自尊心渐渐弱下去，爱意越发显得深厚，她甚至想过去上海找他，可是，听说他去上海不久就从分公司辞职了，下落不明。

有一次，她跟同事聚完餐路过那座天桥，白胡子的卜卦老头还在，她上去抓住他的袖子，发酒疯一般，边哭边喊："你不是说我会嫁给他吗？你不是说我们有夫妻相吗？"

老头被她吓了一大跳："他不是你舅舅吗？"

这回换孟小诗傻住，其实她只是想发发脾气，她以为天桥上人来人往，老头根本不会记得她是谁，可没想到他竟然还记得她那时说的话。

她一瞬间清醒过来，灰溜溜地逃走了。

孟小诗吃完螺蛳粉，一个人走去天桥，老头竟然还在那儿，她走过去跟他说了一句对不起。

老头抬眼看了看她，幽幽地说："你们怎么一个前脚来一个后脚来。"

"你说什么？"孟小诗问道。

"你舅舅啊。"老头一脸嘲讽地说，"他每天都来问我，有没有见过他外甥女。"

老头说赵西烈五分钟之前刚刚来过，孟小诗整个人都精神了，朝着老头指的方向狂奔而去。

北京的第二场雪，下得纷纷扬扬。

孟小诗边跑边喊赵西烈的名字，把北京的冬天都喊热了。

## 8

孟小诗是在一公里外的橱窗外找到赵西烈的，还有他怀里的猫。

他穿着老土的黑色呢子大衣，看起来再也不像不谙世事的学生，有几分生意人的气质。

孟小诗远远跑过去，扑进他怀里，都没问一句，他是不是为她而来。赵西烈抱着怀里的孟小诗，差点落下男儿泪，他说他到北京一周多了，一直没找到她，却找到了小黄猫。

他说，他去上海本来就是为了赚钱，过去不久，就有个亲戚要在上海开公司，他就辞职跟亲戚创业去了。他用了两年的时间，学会了上海男人的小气，终于攒够在上海开店的钱，所以他就回来找她了。

孟小诗抬起头，对着橱窗整理了刘海儿，然后又哭了起来。

"我以为，你会忘记我的。"

"不会，你在我的脑海里，光芒万丈。"

# 修琴师的两次爱情

文/马叛

## 1

我喜欢高山流水,她喜欢假面舞会。

年少时因为不同而相互吸引,时过境迁,终将因不合而分道扬镳。

## 2

修琴师刚到北京的时候,和他的女朋友住在北五环一个破旧小区的六楼。一室一厅的房子,墙壁斑驳、地板翘裂。一到秋天,厨房、厕所和衣柜下面的阴暗处就爬满了蟑螂。

但那时候北京的天气是极好的,没有沙尘和雾霾,在房间里待闷了,他们就到小区外面散步,附近有一条河,河水虽算不上清澈,却也还能养活鱼,有很多人周末从很远的地方过来放生。

修琴师的女朋友叫六六,和修琴师一样是成都人,他们是结伴来的北京,或者说,是修琴师陪六六来的北京。对于修琴师来说,这一趟北上,既是不顾一切的爱情,又是说走就走的旅行。

六六学的专业是法语,待在北京、上海之类的城市更有前途一些,不像修琴师有祖传的修琴手艺,只要带着鱼胶、鹿角霜和生漆,在哪儿都能生活。

来北京的时候高铁还没有开通,修琴师买到了两张票,都是靠窗的硬座,虽然要坐三十多个小时,但因为两个人都是第一次出远门,新鲜感消除掉了不少疲惫。

六六的妈妈提前三天就开始准备各种糕点,临上车的前一天还卤了一锅修琴师最爱吃的猪蹄,他们上车的时候除了衣物之外,拎着满满三袋子吃的,上车就开始吃,车开到保定才把东西吃完。

修琴师后来独自坐火车去了很多地方,每次上车前都习惯买很多吃的,下车前一定会吃完。这个不算毛病的习惯,便是源于那一次长途之旅。

刚到北京的时候,修琴师找不到活儿干。北京是高速发展的现代化城市,弹古琴的已经不多了,就算有一些,琴坏了他们也习惯买新的,而不是去修。

好在来的时候带的钱多,修琴师也不急,只要在第一年房租到期之前找到活儿,建立起自己的人脉网,就不怕日子过不下去。

六六的状况也不好，一到北京就病倒了，先是水土不服，后来变成肠胃炎，好不容易好起来了，去找工作，也是屡屡碰壁。北京机会多，人才也多，在激烈的竞争中，六六这个说话还带点四川方言的漂亮姑娘，优势并不明显。

但他们都是爱面子的人，轻易不想回去。尤其是修琴师，来之前信誓旦旦地答应了六六和六六的妈妈，如果就这样无功而返，他觉得对不起六六。

后来他们去熟食摊买猪蹄，看到很多人在买驴肉火烧，就顺便买了几个。回来就着自己煮的豆腐汤吃了，味道还真不错。

于是六六就劝修琴师，说你看在咱们老家，卖猪蹄的绝对不会卖驴肉，都讲究专业，不会搞兼职。而这里呢，都在搞兼职，没几个把专业做精当回事，卖猪肉的也卖驴肉，卖烤冷面的也卖手抓饼。

修琴师还在回味驴肉火烧的香味，不是很懂六六的意思，就问，所以呢？

所以我觉得你不一定非要修古琴，小提琴和口琴也可以修一修。

于是修琴师就开始修各种琴。等到六六和修琴师分手，修琴师搬出他们刚来北京时租住的小区的时候，他的业务已经开展到了修锅修鞋修眼镜上，虽然跨度有点大，但好在都还是在维修领域。

通过新业务的开展，修琴师的心胸也开阔了，他渐渐不再觉得修鞋修家具是俗事，如果不是天赋不允许，他还想去修电脑和手机。

在修理坏掉的乐器和家具等生活用品的时候，修琴师认识了一群独特的朋友。他们都是怀旧的人，不管家里有钱没钱，东西坏了首先想到的是修，而不是扔了买新的。

这群人对待感情也是一样的，和在乎的人在感情上出现了裂痕后，他们首先做的就是想尽一切办法修补裂痕，而不是眼睁睁地看着裂痕越来越大，然后找个合适的时机分手，换个新的人继续。

在和六六的感情出现裂痕的时候，修琴师首先想到的也是修补。但他天生情商低，鱼胶、鹿角霜和生漆也帮不上他的忙，六六化了大浓妆出门的时候，他只会嘱咐一句早点回来，路上小心，从来不敢硬拉住六六说咱们不去了。

在成都的时候，六六有六六妈管着，心还没那么野。而且在成都的时候，修琴师因为本领独特人也老实，六六还是很喜欢他的。到了北京，见识到了大场面大人物的六六，开始觉得自己的男朋友太不起眼了。

找了工作有了自己的朋友圈子之后，六六从来没有带修琴师参加过朋友的聚会。修琴师也不在乎这个，他摸着一把古琴，就能打发掉一天。六六不在的时光里，修琴师就把古琴当作六六。

六六在北京待了两年后，终于腻味了，她想到更大的地方去，但不想带着修琴师一起。六六眼里那个更大的地方在法国的东南部，一个具有"文化城"之称的叫里昂的地方。六六让修琴师在北京等她，并且和她一起瞒着六六的妈妈。

修琴师答应了，还卖掉了随身携带了二十多年、祖传的那把古琴。他把卖琴的钱给六六做盘缠，因为那个地方太远了。去很远很远的地方，一定要带足盘缠，这是六六妈在成都送他们上车时说的话，六六妈不在身边之后，修琴师感觉自己快变成六六的妈妈了。

六六到了里昂后，经常打电话回来，最初修琴师是非常期待六六的电话的，在这个举目无亲的大城市里，听到六六用方言跟他讲话，他会觉得格外亲切，仿佛他们还在成都，还在相爱，还在那个懵懂无知的年纪里。

修琴师租住的楼下有一个花坛，六六刚走的那段时间里，每想六六一次，修琴师就会在花坛里埋下一颗紫罗兰的种子。因为六六跟他说过，紫罗兰的花语是永恒的爱。修琴师希望花开时，六六能回来。希望他做梦的时候，六六也在想他。

在修琴师看来，他们的爱是一点一点从泥土里生根发芽渐渐长大的，尽管现在看上去蔫蔫的不如市场上来路不明的那些鲜花好看，但总有一天，六六会明白还是得知根知底的花好，会给他时间，让属于他们的花真正盛开。

# 3

一个人去河边的时候，修琴师会先去一趟农贸市场，买一些活鱼活虾，虽然他没有信仰，但放生会带来好运这种说法在六六走后对他来说是一种安慰。

六六在电话里说里昂有很多很多的河流，罗纳河和索恩河更是穿城而过。修琴师希望自己放生的鱼能漂洋过海去法国，代替他去看看六六。

修琴师知道六六刚到法国的时候过得不好，但他从没有劝过六六回来。最多只会含蓄地说六六妈那边他快瞒不住了。六六才不管这些，打回来电话大多数时候都是要钱。

修琴师非常期待六六的电话，但又不想六六过得不好，这就让他很矛盾。六六过得好的时候，根本没空给他打电话。

时间久了，他也就习惯了没有六六电话的日子。他开始把心思放在挣钱上，他想等钱够多了，也许他也可以去法国。

有时候放生完鱼虾，他会站在河岸边对着水面喊"努力、奋斗"或者"累了就回来吧！我等你"之类的话，就像《喜剧之王》里站在海岸边狂喊的周星驰，很傻，很无奈。

接到六六说分手的电话的时候，修琴师正在努力地粘好一双邻居送来的开了胶的鞋子。六六在电话里满是愧意，毕竟在一起这么多年，六六妈已经把修琴师当作女婿了。面对六六的愧疚，修琴师不住地安慰着，好像爱上别人的姑娘不是他的女朋友。

挂了电话之后，修琴师哭了。他觉得很累，北京的天气越来越不好，他埋下的种子始终没有发芽。他觉得他想要的生活，可能永远也实现不了了。他甚至有些后悔跟着六六来北京，也许他当初强硬点坚持点，六六就不会来北京，不会去法国，不会爱上别人。

但一切都回不去了。后来六六妈打来电话，修琴师心如吞针却不动声色地说："不怪她也不怪我，只怪年少时不懂爱情，以为喜欢上了就会是一生。"

## 4

修琴师后来离开了北京，也没回成都，东游西荡去了很多地方，最后在绍兴停了下来。

绍兴和成都有一些相似的地方，怀旧的人很多，需要修的琴也很多。不过修琴师在这里停留不是因为琴，而是因为一个靠调琴为生的叫阿绣的姑娘。

修琴师刚到绍兴的时候，和平常一样，先去了一些琴行。阿绣供职的地方就是一家琴行，有客人买琴的时候她就负责帮客人把琴调好音，没客人买琴的时候她就负责弹琴招揽客人。

修琴师被琴声吸引，驻足，然后叹气。

阿绣十指修长，原本是弹钢琴的天才，因为家境不好，一次意外弄伤了手指，没能及时治疗。再后来阿绣以调琴为生，用力过度，手指渐渐僵硬，演绎水平便泯然众人矣。不过从未有人为阿绣的手指叹气过，因为她是一个盲人，手指再灵活，在世人眼里也是一个不幸的人。

听到修琴师叹气，阿绣故意弹了一首难度极高的曲子以示不服。修琴师笑，抚摸着店里的古筝，用音乐跟阿绣做了一番交流，两人因此结缘。

在一起之后，修琴师对阿绣说，你想去哪儿，我带你去，做你的眼睛，替你看，再讲给你听。我知道你们女孩子都喜欢去远方去大的地方，你虽然看不见，但到了远方，你可以听到不同的声音，闻到不同的味道。

阿绣说，我不想去远方，因为你身上就有远方的味道，我觉得远方是愁苦的，我们一直待在绍兴就好。

修琴师已经跟阿绣在一起五年了，他们养育了两个女娃娃，一个学修琴，一个学弹琴，一家四口在一起其乐融融。修琴师觉得很开心，觉得是阿绣给了他第二次生命。他常常会想起阿绣刚认识他的时候跟他的交流。

"你身体健康，来去自如，为何总是闷闷不乐？"

"我失去了我曾经视如生命的爱情，现在的我，虽然来去自如，却如同行尸走肉。"

"你不该只想着你失去的东西，你应该多想想你拥有的东西，你有手有脚，能看到能听到，已经比很多人都幸福了，起码比我幸福吧。"

"不能这样相比的，你从来就没有看到过，所以不会觉得看不到有多遗憾。而我，曾经真真切切地拥有过那份爱。从未得到和得到后再失去的感觉是不一样的。"

"那你就歇一歇，听我给你弹一曲。"

阿绣不像其他人，没有跟修琴师争论对错，甚至不提自己曾经失去灵活手指的事情。她只让他听琴，这样修琴师感到非常温暖。他漂泊了那么久，早就累了。关于爱他也早已放下，但他还是不愿意承认自己爱错了人。

他只是想歇一歇，有一锅不需要修鞋就可以吃到的猪蹄，有一个能听到琴声的被窝，这就够了。他爱一个人爱得筋疲力尽失去自我，何必再去指责他，给他一点爱，他自己懂得如何原地满血复活。

## 5

或许幸运的人一生都会遇到两次爱情,一次耗尽了热血,一次融化了坚冰。

而不幸的人,只遇到过一次,从那以后,即便身处万花丛中,也难有笑容。

# 我的父亲母亲

文/康若雪

## 1

  我家是在湖南西北山区一个叫作张家村的小村庄，是真正可以称为穷乡僻壤的地方。那个年代，食不果腹之事在那个小乡村的每一户人家都会发生。而我们家，是其中最穷的几家之一。

  穷人的孩子早当家。父亲7岁开始上学，成绩一直是班上第一。但还是只读到小学五年级，爷爷就不让他上学了。家里人多，父亲往上，还有一个哥哥一个姐姐，往下，还有一个弟弟。人多缺粮，种粮需要劳动力。爷爷没钱供父亲上学之后，父亲也只得辍学回家。当时还只有13岁的父亲，就开始过起了放牛、犁田、耕地、收割稻谷的农民生活了。到了父亲18

岁时，家里粮食足够养活一家人了。粮不缺，钱却一直缺。爷爷因此不再安排父亲做农活，而是要他跟着大伯一起做木材生意。他们在各乡收买木材，然后运到县城，再在县城转卖。那时候，运送木材有两种办法：一是走旱路，用马驮，这由大伯负责；另一种是把木材捆绑，走水路，由干沟河入澧水，再顺着澧水漂流而下到县城，这由父亲负责。

干沟河是澧水支流，经七个村庄，每个村庄一条渡口，供村民往来。干沟河两岸高山密林，绿树交杂，正是木柴的好产地。父亲就常常和大伯一起，去那些山林里买村民们的木柴。

1986年的一个秋日早晨，父亲赶早去运已经买好的木柴，正走到干沟河的第三个渡口时，看见了一个穿着红袄的年轻女孩。女孩走在一堆穿着破旧棉衣的人当中，又因为年轻，就极其显眼。父亲猜测，她肯定是对面李家村的，是要到乡里"赶场"。"赶场"是各个乡里共同的习俗，一般都在每月的"三、六、九"日。"赶场"的那一天，各种摊位摆满了乡里的集市，从各个村庄来的人，背着竹背篓，来回逛着集市，购买自己所需的物品。父亲一边想着，一边目不转睛地盯着女孩看。身边的一个乡亲提醒了女孩，女孩才转眼看到了痴痴看着她的父亲。女孩吓了一跳，红着脸，便快步往前走了。父亲知道自己越了界，不应盯着还不认识的女孩看个不停，于是，便又假装继续捆绑木材。等女孩的背影完全消失在河谷后，父亲才敢再次抬起头。

那个渡口叫作"李家村渡口"。渡口西是张家村，渡口东是李家村。虽只一河之隔，却隶属于不同的乡。父亲回家后,就向爷爷打听了一些有关李家村的情况。他开始难眠起来。去渡口等待那个女孩,成了当时父亲最大的愿望。有次在梦里,他筏着木柴,女孩坐在筏上,他们一起在青山绿水间,又是唱歌,又是欢笑。梦中醒来后,父亲甚至算得上是逼着大伯一起再去李家村渡口那边买木柴。那些日子,父亲就总是忙活在渡口边。三个星期后,女孩终于出现了。女孩看到父亲,停住脚步,睁大了双眼,迟疑了一下,还是往前跑了。父亲待在原地,傻笑起来。女孩终究是记得他的,这让他高兴。

后来,父亲渐渐摸懂了规律,女孩每个月都会在同一天去一趟乡里的集市"赶场"。有时是独自一人,有时是和其他乡亲一起。父亲猜想这肯定是女孩家的安排。于是,每个月,父亲都能和女孩"幸运"地见上一面。到第五次见面之后,两人终于说了话。父亲后来回忆说,他们当时的第一次说话是这样的。

"又去赶场啊。"是父亲先搭讪的。

女孩点点头。往前走了一步,才停下来。

"你是李村长家的闺女吧?"

"是啊,你怎么知道了?"

"我托人打听的!"

听到这句,女孩一下羞红了脸,低着头。

"你父母呢?咋不陪你啊?"

"噢,他们要在家干活呢!"

"那你一个人不怕吗?"

"怕什么?又没豺狼!"

"可要走那么远的路，不累吗？"

"走得多了，习惯了！"

父亲这样问完之后，不知道还该问些什么，就傻傻地站在原地。女孩却像是熟了一样，走到河边，玩起水来。

"这么多木材，是要运往县城去卖吗？"女孩一边往水里丢石头一边问。

"是啊，去卖，走水路，省了人力和马力。"父亲大声回答。

"可是很危险的吧？"

"浪急的地方当然危险。不过一下就过去了，要赚钱嘛。"

"噢。我都没有坐过筏子，哎，是不是很好玩呀？"

"好玩！你要坐的话，我带着你，带你去县城！"

"我不敢，我父母会管我的！我还要继续去赶场呢！"

说完，女孩像突然泄了气，从水里走到岸边，要继续往前走。

"那，哪次想坐筏子了，就来找我，我一直在这里。"

"噢！你是哪里来的人呀？"

"我就是对面张家村的呀。"

"噢，好。那我赶场去了。"

"路上要小心。"

有了这一次的交谈之后，以后的每次见面，两人都亲切起来，会聊到去赶场买些什么、家里都还有谁、有些什么乐事等。再到后来，女孩每次去赶场，都会带一些煮好的玉米或者是土豆，在渡口时，就拿给父亲吃。两人一边吃一边说笑。笑声像秋千一样，荡在干沟河的两岸。

## 2

半年多的时间后,父亲鼓起了勇气,要爷爷去女孩家提亲。爷爷却犯了嘀咕,自己家穷,女孩家是李家村村长家,去提亲,成了还好,是一段良缘,若未成,传了出去,却成一段笑柄。父亲可不管这些,他一心要娶到那个女孩,并且他坚信,女孩心中也有他。爷爷终于禁不住父亲时时刻刻的要求,厚着脸皮去了,果然,李村长摆了臭脸,死活不同意。

车路不通,得走马路。父亲打扮干净,准备好干粮和水后,就走到李家村渡口的高崖上,对着李村长家唱起了山歌。

有一首,是他当时最经常唱的:

"郎在高山打一望(罗喂),姐在(哟)河里(哟)洗衣裳(哟喂),洗衣棒棒儿捶得响(哟喂),郎响几声(哟)姐未张(哟喂),唱支山歌丢个信(罗喂),棒棒(哟)捶在(哟)岩板上(哟喂)。"

那些山歌,在每个明月升起来的夜晚,随着各种鸟叫声,共同响起。父亲嗓子并不算好,但耐不住夜夜唱,干沟河两岸的人就都知道了事情的来回曲折,多为父亲去李村长家说好话。女孩知道后,总要找机会奔出来,去会父亲。奈何李村长看得紧,不许女孩出门,"赶场"也派了另一个女儿去。

这样过了几个月,父亲的山歌还是一如既往地唱,李村长家却发生了女孩的"以死相逼"。事情要闹大,李村长脸面上也开始挂不住,只得妥协。李村长叹息几声,只说出"嫁那么个穷人的娃,只希望你能受得了那个苦,以后自己不后悔",就算是同意了。

女孩奔出家门，跑到崖上，顺着歌声，找到了父亲，他们在月光和露水里互相拥抱。

## 3

他们结婚是在1987年底。那一年，父亲20岁，母亲18岁。据乡亲们后来回忆说，婚礼异常低调。低调的原因当然是贫穷。

婚礼后，爷爷给父母安排了半个月的"蜜月期"。说是度蜜月，其实哪里都去不了，因为没有钱。爷爷这样安排只是为了让刚嫁过来的母亲熟悉周围的一切：包括山林、土地的归属；周围的邻居、亲戚，以及亲疏程度和辈分；家务需要做哪些，如何做，等等。

因这样的蜜月期，父亲倒免去了半个月的农活。"蜜月期"完后，下了大雪，为此爷爷、父亲母亲都只能闲在家中。就是在这时，爷爷提起了分家的事。

父亲不是爷爷最小的儿子，结婚后要与爷爷分家，单独生活，这是乡村里的习俗。分家是指山林、田地都要分开，再在村里重新登记。同时，一切对外的活动都单独以父亲的名义开始进行了。那时，爷爷给了父亲一笔钱，是修筑新屋的所需。修新屋得等冬天过去，春暖花开之际才能进行。于是，下雪的日子，倒成了父母"蜜月"的延续了。

雪刚下的第五天，母亲说想出去走走。父亲就从木屋楼顶上把好几年没有骑过的老自行车找到了，顺着梯子拎下来。他把自行车擦洗干净，又专门在自行车的后座上垫了一件小棉衣。他骑着自行车，载着母亲，就出发去看雪了。母亲坐在后座上,头靠在父亲的背上,搂着父亲的腰。他们从家里出发,沿着通往村希望小学去的那条小道,慢悠悠地骑着。那条小道走的人多,雪刚落下来,被人踩掉,还难以积起来。自行车是滑在上面的,倒省了踩踏板的力。雪仍旧冷寂地下着,整个世界一片白。雪的美父母亲形容不出,他们只说,那雪呀,就像些小仙女似的。远近的山,都被雪掩盖着,如画笔勾勒的起伏。雪,起伏、连绵,在低处与高处同时圣洁着。

雪花飘落在父亲母亲身上。雪花停留在自行车上。捕鸟的人看见了,读书去的孩子看见了,串门的老人看见了。父亲母亲的故事就又传开了。乡亲们后来把这个故事说给我听,父母也是点头表示真有此事的。乡亲们说,那时你的父母还年轻,是一对刚结婚的小夫妻。他们骑着自行车赏雪,雪就落在他们身上,你就是从雪里面来的孩子呀。那时,我真以为我是从雪里面来的孩子。

父亲骑着自行车,带着母亲,在小道上来来回回。母亲把手放在父亲的衣兜里。母亲看到了属于张家村的贫穷。当时,那里没有公路,也没有电。冬天的积雪掩盖了一切,但母亲知道,苦日子肯定会有的。

但后来我想,那个冬天一定是父亲母亲一生中最快乐的时光。

## 4

新屋修筑好,爷爷所给的钱已经花光。在这个过程中,母亲生下了我。父亲需要自己赚钱了。当时的想法是继续去做木材生意,然而母亲觉得太过危险,况且当时县城的木材市场也并不景气。与此同时,外出打工的风潮已经卷向了当时的村庄。青壮年劳动力都纷纷外出,父亲在权衡之后也成为其中一员。

父亲出发前身无余钱,想问爷爷去要,又不愿低下头,最后,只得由母亲给外公写一封信,由父亲带着那封信去外公家。父亲翻了山,过了干沟河,再到高山之上,到达外公家。外公看到那一刻的父亲,觉得自己忍了心最终还是把女儿嫁给这样的男人,是他一生中最大的错误之一。然后父亲掏出了那封信。外公把信拿在手里看了又看,最终还是给父亲借了母亲在信里所写的那么多钱。借完钱后,外公甚至都没有留父亲吃一顿午饭,就让父亲回了家。

父亲外出打工,辗转过广东、天津、上海、安徽等不同的地方,但最终还是在马鞍山停了下来。那是一座以钢铁闻名的城市。父亲就在一家铁厂。那时候,从张家村出去的青壮年都在铁厂里做工。对于那些乡亲来说,那是最累最危险的工作之一,但也是赚钱最快的工作之一。

父亲外出打工后,母亲待在家里,一方面要抚养我,另一方面要负责农活。种稻谷、玉米、土豆,建好菜园子,种满各种菜,还得养牛养猪。母亲以自己瘦弱的肩膀揽下了这一切。两年后,弟弟出生了。这时候,父亲在外面已经赚了一些钱,我们一家的生活才渐渐稳定。

父亲定期给家里寄钱和寄信。那时候,母亲常常在煤油灯下,看那些信,也给我讲父亲在信里面写的内容。我那时候小,听不懂。看母亲笑,我也就跟着笑,看母亲哭,就扑到她的怀里，也大声哭。

## 5

父亲每年春节期间才能回一次家。有的年份，因为铁厂里工作繁忙，或者买不到回家的车票而无法回来。父亲能回家的日子，成了我们一家人整个冬天最大的等待。

父亲回来的时候，山里的橘子林正变得光秃秃。他提着一个大大的绿色军包，步子缓慢地走在回家的土路上。我站在菜园子的高地上看着他穿过那棵大榕树、那口老井，一步步接近木房子。等父亲走过菜园子的路口，我就蹲下躲在菜地里，以免被他看见。父亲在屋前停住，整理好衣服、用手指理理头发，把鞋擦干净，就一边叫着母亲的名字一边进了屋。我从菜园子里跑出来，又跑进屋里。父亲站着笑，要去拉母亲的手，母亲早就破涕为笑了。父亲母亲看到我进屋，就松开了手，不好意思地朝我笑起来。父亲走过来，想要抱我，我挣脱他的怀抱，跑去他的包里寻找外面世界的新鲜玩意儿。但什么也没有。旧衣服、旧鞋子、剃须刀、电话簿、火车票。永远是这些东西。我搜完了包，就又跑走了，一个人在外面发呆。

父亲回来时，天已经很冷了。我们围坐在火炉旁边吃晚饭。火炉的光印在母亲的脸上，呈现出圣母一样的光芒。她把最好的菜挑给父亲吃，父亲又挑给我和弟弟。他一会儿看看母亲，一会儿看看我和弟弟。他还要捏我们的脸，看我们长胖了没有。我把最好的菜又挑回到锅里，只顾低头吃饭。

吃完晚饭后，我终于还是钻进了父亲的怀抱。他就用他那金黄色的坚硬胡须扎我的头或者脖子。我则扯他的耳朵，有时也把他的头捉住，拔他的胡须。我还要他跷成二郎腿，我就坐在他的右脚踝上，他就用他的右腿把我举起来又放下。我把这称为"骑马"。我终于玩累了，就乖乖待在父亲的怀里不动，这时候，父亲开始变得喜悦起来。他和我们说起在外面闯荡的一些故事。

炉火烧得很旺，母亲不时往里面加柴。炉火的炊烟袅袅往上，熏了腊肉，穿过房梁和瓦片，随风消逝在远处天空。炉火有时候砰砰作响，按乡亲们的解释，那是有客要来了，火在欢迎呢。但客人始终不来。父亲说完了故事，我们就玩起扑克，输了的话是要学动物叫的。父亲每次一输，就学着鸡咯咯地叫。屋头歇在房梁上的公鸡听到后，也应声叫起来。母亲想起什么似的站起来，跑到稻草堆里，从鸡窝里捡来一窝鸡蛋。我们就都笑起来。母亲用纸包好鸡蛋，用水打湿，放在火堆里烧。但有时炉火响着，就真有客人来了。母亲提来酒，热好饭菜，父亲就和客人吃吃喝喝，闲话起东家长西家短了。鸡蛋烧熟后，父亲就给我剥好，喂给我吃。

客人酒足饭饱后开心地离去，我们又围坐着，靠得更紧。父亲玩牌总是输，就总是学动物叫。母亲、我和弟弟就总是笑个不停。

春节过后没几天，父亲就又要离开了。父亲和母亲在夜里坐在炉火旁，聊到很晚。我早早上床，假装睡着。父亲半夜里来到我的房间，也不开灯，就只是帮我把被子好好盖住，站立了片刻又离去。第二天凌晨我起床，父亲已经走了。我记得每一次他都是凌晨三四点走的,到天刚好亮起来,他正走到乡里的街上。他搭乘第一辆中巴车,去县城,去长沙,再去马鞍山。

## 6

噩耗的传来是在1998年冬天。有人叫母亲去村长家接电话,说有急事找。母亲跑到村长家,电话那边传来的却是父亲的死讯。父亲因为煤气中毒而死。那天,母亲过了很久才回到家。听看见了她的乡亲们说,她是一步步挪回来的。

母亲去县城接骨灰盒。在回来的路上,她一路总是抱着盒子。是我最先哭的。那时候我还不明白死是怎么一回事,但活生生的父亲,最终变成了盒子里的一些灰,让我忍不住地哭了起来。母亲摸摸我的头,又拉起我的手,叫我不要哭。我哭累了,也就没再哭了。

那天晚上,家里来了许多亲朋好友,母亲一如既往地招待他们。等到夜半,母亲把亲朋好友都安排睡下之后,我从床上爬起来,准备去陪母亲。我在门缝里看到母亲一个人坐在灯下哭。她的脸在昏黄的灯光下憔悴不堪。我捏着自己的鼻子又爬回了床,我不知道该怎么办,后来不知不觉在母亲的哭声中又睡着了。

葬礼那天,爷爷、外公、街坊邻居等所有人都来了。母亲决意要把铁厂赔的钱都用在葬礼上。她要父亲风风光光地走。葬礼也果然隆重。敲锣打鼓,闹了三天,最后把父亲埋在了屋后。她要父亲永远地陪着她。

父亲死后，母亲一个人将我和弟弟带大。我们都读了高中，读了大学，然后各自找到了相对还满意的工作。只是母亲的背过早地弯了，耳朵和眼睛也不好使了。白发也有了，藏在黑发里，黑白杂着，丝丝缕缕都令人心疼。我和弟弟打电话给母亲，说希望把她接过来在城市里一起住，她每次都拒绝。那个大山深处的小村庄，是她的家，她老了，不愿离开，就是死，也要死在那里。我和弟弟又说起如果有合适的老伴儿，母亲不妨找一个，互相陪伴着。可是每次母亲都极度生气，说我们背叛父亲，让我们再也不要提这件事。我们也只得在背后默默叹气。

如今，母亲已经年将五十，她一个人住在李家村的木房子里。我和弟弟定期给她寄钱和打电话。可是她却从不用那些钱，她把钱都存在银行，说我们未来娶媳妇时用得着。她自己卖些鸡蛋、鞋垫等赚零花钱用。我们叫她闲下来，晒晒太阳，打打麻将，看看电视就挺好的，她口头上答应了，可等我们一不在家，她就在屋里、田里、地里忙活着。

因为工作忙，我和弟弟也只能每年春节期间回家一次。那时候，我们总会想起父亲还在的日子。仿佛他还在给我们说起他在外打工的生活，他玩扑克输了依然学动物叫。我们都活在拥有父亲的记忆里。只是对于母亲来说，她拥有的记忆要比我们多得多。她和父亲，永远都不曾分开过。

# 你听民谣吗？我戒了

文／易小婉

## 1

我认识北姑娘时，她18岁。大学吉他社招新生，在一众报名者中，北姑娘以一曲轻轻柔柔的自弹自唱吸引了我的眼球。

我坐在评审席问："你为什么学吉他呢？"

站在讲台上的北姑娘眼神笃定地说："我喜欢民谣，我想成为一个民谣创作者。"

北姑娘歌声空灵，长得也空灵，嫣然一笑，人如其歌。我觉得像北姑娘这样的人，不论是梦想还是爱情，都应该顺风顺水。那时候我坚信，北姑娘一定会找到一个彩虹般的人，和他幸福到让全世界都妒忌。

大学四年北姑娘不是在图书馆看书，就是在吉他社练琴，对身边的追求者从没正眼瞧过。作为学姐的我曾不止一回埋汰她:"弹琴也别忘了说爱嘛。"

北姑娘总是眯着眼睛笑笑:"随缘,随缘。"

北姑娘毕业前夕,我们坐在小酒馆聊天。她喝了点酒,噔噔噔跑上舞台,拿起台上的吉他就开始唱:

在这个匆忙的世界里
失去什么受不受伤都一样
but you know
只有你是如此绝对不同
不奢求哪天我不要人懂
总在心底偷藏起这小美梦
这样的温热就已经足够

唱的是 Tizzy Bac 的《You'll see》。原本是一首钢琴摇滚曲风的歌,但是经北姑娘用吉他弹唱一番,也自有一种温暖清新。

## Z

毕业后,北姑娘背着吉他去了杭州。初到杭州时,她常常给我打电话,她告诉我她找了一份文案策划的工作,朝九晚五,这让她可以留出晚上的时间做她喜欢的事情——在酒吧唱歌。她说她不唱歌的时候,就在酒吧的吧台里放歌,最经常放的一首歌是李志的《梵高先生》:"我们生来就是孤独,我们生来就是孤单。"我明白一个女孩独自一人在陌生的城市难免孤独,可是梦想很大,大到让你觉得眼前的孤独不过是光明来临前的短暂黑暗。

过了几个月,有天北姑娘在电话里兴高采烈地跟我说:"学姐,我恋爱了,再也不孤独了。"男生叫李想,是个鼓手,处女座,追求完美,一心要做最优秀的鼓手,因为这个他没日没夜地练习,甚至练到手指关节处都打出血。说到这,北姑娘话语间尽是疼惜。

北姑娘和李想,一个弹吉他,一个打鼓,这样的搭配,说是才子佳人、金童玉女都不为过。更何况,他们还有着共同的爱好,那就是民谣。小说家弗兰纳·里奥康纳曾说,有些人,因为他们之间很相似,所以注定会遇见。

他们相识在一家咖啡店。据北姑娘说,当时李想走进咖啡店,她就注意到他。他背着一个帆布包,个子高高的,脸部的线条很好看。两个人从文学、电影一直聊到音乐、民谣,偶尔还会就某一个问题进行激烈的讨论,聊到深夜12点都意犹未尽。

李想说:"你不觉得电影、音乐这些娱乐方式的出现,让内心生活消失殆尽吗?"

北姑娘问:"怎么就让内心生活消失殆尽了呢?"

"人们都跟着情节走,跟着情绪走,跟着导演编剧的思路走,跟着音乐的节拍走了,很少有人去思索自己的内心。"李想解释道。

"我觉得是丰富了我们的内心啊。"北姑娘说。

"他们思索的,感悟的,都是别人制作出来的。甜酸苦辣,都是别人已经咀嚼过了的。"李想说。

"正是因为有了这些,我们才会去思考我们的生活。"北姑娘依然坚持自己的看法。

"呃,好吧。放下学术上的争执。"李想缴械投降。

北姑娘被他这么一说,扑哧一声笑了。

北姑娘觉得这个男生不仅长得好看,很有想法,还很幽默。她对他顿生好感,就留了她的电话号码,而北姑娘的手机当时没电,说等着李想回头联系自己。

但是北姑娘足足等了一个月,都没有接到李想的电话。一个月后的某一天,北姑娘在她驻唱的酒吧遇到了李想,北姑娘还怪他,"你怎么都没有联系我"。

此后两个人常常一起排练民谣歌曲,北姑娘弹琴,李想打鼓。仿佛只有在排练时,那些想说又不敢说的,才能泉涌激荡,自然娓娓。因他们知道,民谣,始终是一条贯穿于彼此心房心室的隐秘通道。不管发生什么,借着民谣借着音乐,她能见到他,而他亦能看得见她。

民谣于他们而言,如同溯溪而上豁然通幽的暗道,径直通向桃花源。

## 3

国庆期间,李想跟着乐队去上海参加音乐节。出发前,北姑娘对李想说:"要是现场有信号,可以给我打个电话吗?虽然我加班不能去看你,但我想感受你那里。"

演出前,李想给北姑娘打电话:"第一次见你时你穿一件白色衬衫，藏青色的长裙，长长的头发到了腰间，手里握着一杯摩卡，在咖啡店来往的人群中显得那么遗世而独立。当我看到你时，正好迎上你的眼神，我的心，仿佛被什么东西猛烈地撞击了一下。像是被什么牵引着一般，我走到了你旁边坐下，还幸运地要到了你的电话号码。不巧的是，第二天我的手机就被小偷偷了，但号码是存在手机上，而不是卡上的。我只记得你的名字，以及闲聊过程中，你说起你晚上会来一家酒吧唱歌。于是，那段时间我天天晚上去那家酒吧听歌、喝酒，期待能再遇到你。"

北姑娘听着这些话，只觉得无比感动。所以在说话的空当，她竟然一时冲动，对他说："我喜欢你，你喜欢我吗？"

电话那端忽然一阵嘈杂，如雷般的掌声响起，李想说了一句"我要上场了"便匆匆挂了电话。

半小时后，北姑娘接到了李想的电话，李想笨拙地说："演出的那三十分钟，我看着台下拥挤的人潮，满脑子想的都是你。我就想，演出完我一定要对你说，你，你，愿意做我女朋友吗？然后别把我从你心里踢走好吗？"

和李想在一起之后，北姑娘开始不去唱歌了。李想运气很好，他的乐队签约了唱片公司，演出机会越来越多。

李想不喜欢待在一个地儿，他是一个靠灵感生活的人。有一天吃晚饭的时候，李想对北姑娘说："我要走遍大江南北，这个冬天去东北，明年夏天去西北，这两年会有几个月待在云南丽江。"

北姑娘温柔地说："去吧去吧。玩够了就回来。"

"带你玩。"

"好啊,不许反悔。"北姑娘还是那样盈盈地笑着。

李想说:"我想我去的地方都有你。"

## 4

那几年,李想跑夜场,北姑娘就晚上去酒吧看他的乐队演出;李想全国各地做巡演,北姑娘就辞了工作为爱走天涯。

后来,李想的乐队发行了新专辑,专辑大获好评,越来越多的人知道乐队,知道李想。

玩民谣做乐队是最辛苦的,每一次上台都要自己搬那么多乐器,拿到的演出费还要五个人分。这么多做音乐的人来来去去,有的人幸运地签约唱片公司一夜成名,有的人依然在地下车库默默排练,还有的人迫于家庭和世俗的压力回了老家结婚生子。

但是有个南方姑娘,背着吉他义无反顾地告别故乡,奋身追逐万千生命热望的梦想。那个梦想关于民谣关于音乐,后来那个梦想变成才子身后单薄的身影,她跟着李想,从杭州到上海,从北京到广州,不断迁徙。只是这样的牺牲会带来怎样的结局,却都不是热恋阶段两个人能想象得到的。

北姑娘和李想在一起的第三年,我接到北姑娘的电话,电话那端是北姑娘忍住眼泪说话的声音。

她说:"他对我说,他要打鼓,没有时间陪我,他说他怕耽误我。"

我说:"他如果不是鼓手,是一个程序员,他也会说我要写代码,没时间陪你。"

## 5

再见到北姑娘，她比以前更瘦了，头发更长了。她和李想分了手，回到了南部小城，我陪着她看电影听歌。还是那首 Tizzy Bac 的《You'll see》：

> 那么多人来了又走
> 但也许我们只能远望不相逢
> 一个人渐成熟就会笑着泪流
> 总有些遗憾要学会放开
> 活到这把年纪也该明白

北姑娘像是自我安慰一般喃喃地说："随缘，随缘。"

我掉转头来看到她的脸，样子很倔强，即使她的肩头因为悲恸微微起伏，但她的唇角是上扬的，她在笑。而我分明在她的眼睛里，看到盈盈的泪光。

两年后，我收到了北姑娘的邮件，她再也没有提及任何往事，信很短，她告诉我说，她要结婚了，她的先生温柔坚定是个好人。信的末尾附带了一张结婚请帖。

请帖背景是她的结婚照，照片里的北姑娘穿着婚纱弹吉他，创意十足。我留言说："我记得你很喜欢听民谣的。"

她回复我说："吉他是用来装饰的。民谣，我早就戒了。"

# 你好，月亮男孩

文／潘云贵

## 1

我在辛迪街道遇见过月亮般孤独的男孩。

辛迪街道是我一次夜里回家时偶然发现的，它像一位神秘的法国贵妇人。入口的牌子上写着"辛迪"这两个法文，连中文都没标注，好洋气。而我在青港对于这样的街道见怪不怪了，青港在历史上曾是外国人的租界。

街道两旁栽满鸢尾和郁金香，在幽静的夜里，香味很浓，像一双隐形的手牵着人的鼻子往前走，很梦幻的感觉。每次我从这里走回家，都会带着满心的勇气和对前世溯源的偏执，一意孤行。

我相信前世自己是一株在暗夜生长的植物，风中倾尽一生，要去解一个男人的谜，却从他的腕下错过好几次轮回。

这是我第十五次走到辛迪街道的拐角。

圆月分外明亮。风吹过，留下一路湿漉漉的水汽。我向四周看去，确定无人，便想跳舞，旋转中裙裾飘扬，像绽放的白花。顷刻间痴笑起来，心想自己真是落寞太久了，此刻我要在暗夜里做只小妖，等待英俊的魔法师前来降伏。

转身时，撞到一个男孩，他肩膀微薄、略显冰冷。我惊讶地叫了一声，全身缩回来，感觉胸口跑过一群慌乱的鹿群。

我清楚记得，从辛迪街道穿过的十四次里，并没有人从这里经过。幽深的辛迪街道像一个只对我开放的盒子。鸢尾、郁金香、复古路灯、精致而老旧的欧式建筑，整个街道简直像一条匍匐在梦中的花蛇。

可是，就在今天，我竟然撞到一个人。突然间，我对自己的放纵感到羞愧。陌生的男孩倒没理睬我，只是冷漠地向我的另一端走去，似乎无视我的存在。我愣在原地，看着他的背影沉默地向黑夜走去。

他身上发出银光，似乎是月亮的色彩。但我想，这或许只是幻觉。

辛迪街道的存在似乎也是一种幻觉。不知道为什么白天这条街道的路口总是被一些大型卡车、货摊和商店的大箱子堵塞，人无法进入。它只在夜里开放，我一直把它当成自己的专属通道，所以对现在从这里经过的人自然感到诧异。

## Z

再遇到他，是从辛迪街道穿过的第三十次。

上次以后，我不敢再跳舞，生怕再撞到别人。我只是安静地走着，手拿一本关于法国文学研究的书籍。书里面有萨特和波伏娃，《恶心》和《第二性》，很纠葛的文字。我停下来，正想把书放到挎包里，突然感觉背后有风吹来。

转过身，我看见了他，一瞬间脑海空白。

他和上次装束一样，旁若无人地经过我。我看到他的正脸，小卷发，脸颊白皙，轮廓分明，眼睛深蓝。白色衬衫，蓝色夹克，在月光下闪着。但他脸上毫无表情。

难道看不见我吗，一点反应都没有？不经意间，未放进包里的书从手心滑落，萨特和波伏娃的爱情摔到了地上。

他忽然回头，走过来捡起书，拍了拍，递给我，脸上依旧冷漠。这完全出乎意料，我尴尬站着，不知道世界上还有没有人遇到我此刻正在遇到的事情，在一个如此寂静的夜晚，一个让人心动的陌生男孩就站在自己面前。

"是《法国现代文学史》吧？"

我羞涩地接过书，半响后才反应过来，他居然在和我说话。

"嗯，是《法国现代文学史》。"我重复了书名。

"我记得那封面，以前在法语学校上课的时候就枕着它睡觉。书皮都快被我磨掉一层色了。"他语气平淡，即便讲到笑点时也没笑。

"你毕业了吗？"我问。

"还没，在中国的法语学校上到一半就被家里遣送到这儿。"

"遣送到这里？怎么可能，这不也是中……"

没等我问完，他就不言一声走了。我眼前突然掠过一丝疑惑，心中飞出受惊鸟群，在月光下扑哧扑哧飞逝。

白天，我基本不从辛迪街道走，原因很简单。第一，我爱睡懒觉，常常快上课时才醒来，需要找离学校最近的路线，而从辛迪街道走得绕一大弯子才能到学校。第二，辛迪街道白天总被车流货物封得死死的，基本过不去，只有夜晚才敞开。

我喜欢辛迪街道的安静和神秘的气息。特别是在遇见他之后，莫名希望夜色能一直浸染着辛迪街道，这样我便能在长久等待后再看到他。这种迫切的想法日渐强烈。

## 3

第四十五次从辛迪街道穿行而过时，月亮同第三十次时一样明亮。

记得清晨出门时，电视上预报晚间会下雨。而这雨似乎失约了。我晃荡着手中的折叠伞，左甩一下，右摆一下，只见月明星稀，不曾滴下谁的销魂泪。

不过世事难料，科学预测还是有它存在的必要，因为这雨说下就下了。

路面上飞扬着水汽，花瓣在雨中显然失去了盛开的欲望。鞋子踩在地砖上发出黏人的摩擦声。这时他出现在雨中，迎面向我走来，没打伞，全身湿透，像一株月桂，坚毅俊秀的脸庞依旧如昨。我看得心生爱怜，顾不得女生的优雅，急忙奔上去。

我将小伞倾到他那边。他感觉到了，身体有短暂的僵直，片刻后又从伞中走出。

"喂，你停下。"我喊他，又迎着他跑上去。他这下没躲开。

这时我注意到右侧有一家电影院。淡红色的灯光从里面渗出，投射到大雨中。

"先去避雨吧。"我硬拉着他跑到影院门口。他倒没回闪，也顺着我的意思来到屋檐下。

磅礴的雨声中，我不时偷看他几眼。像油画一样耐看的陌生男孩，安静地站着，瘦削如蝉翼，发出透明的光。他依旧没看我，像之前一样冰冷。

身后有扇门突然被推开，走来一个人。我好奇地转头往后面看去。那人金发碧眼，瘦削的面颊有时光留下的皱褶，鼻梁高挺，是个颇有风度的外国中年男人。

"雨是什么时候下的？"他用法语问道。

我愣了一会儿，脑子里冒出零零碎碎的词汇，很蹩脚地回答："大约是半个小时前。"

男人笑了笑，又说道："现在影院正在放夜间专场，你们俩可以进去看看。"

"呃？"我一下子哑巴了，虽然我读的外国语种是法语，但此刻却根本不知道这个外国男人在说什么。时间在雨水里尴尬泡着，我的脸红了。

他此时转过身来，轻讽地看了我一眼，对外国男人说道："这雨一时半会儿也不会停，那我们就进去看看，谢谢您。"

我诧异地看着他。

"法语初级都没过吧。"他嘴角飞出嘲讽的一句，但也没看我，直接朝影院走去。

我没回答，羞愧地低下头，想把自己埋在雨水里。

这家电影院像这场大雨一样突如其来，让人惊奇。迷你剧场坐着三三两两的人,都是金发碧眼、身形高挑的外国情侣,屏幕上放映着一部年代久远的法语片。我感觉自己走到了其他国家。

青港虽然是人类宜居的国际型都市,但现在应该也不会有这么多的外国人吧。我疑惑地看向四处,那些坐在座位上抵额相觑的恋人并没有注意到我们。

"坐前面一点吧,我近视。"我羞羞地扯了一下他衣角。

他看着我,很冷地说:"谁让你不戴眼镜?"

"呃?"我回答,"压抑的东西,我不喜欢。"

我们在前面找了位置匆匆坐下。

影院里放的是20世纪80年代法国爱情电影《初吻》。苏菲·玛索的荧幕处女作。那时初出茅庐的苏菲·玛索是一朵17岁的法国玫瑰,有着所有女生都钦羡的漂亮,精致的面庞,流萤般的瞳孔,少女时代的清纯与可爱,丝毫毕现。

影片里,苏菲的男友将耳机带在她头上,音乐响起,是Richard Sanderson的《Reality》。玫瑰色的音乐跟随电影结尾,牵出藏匿于我们内心最初的秘密,仿佛青春时那场永不褪色的梦。

电影结束后,我默默坐在座位上,眼泪不知不觉流下来,而他脸上依旧保持初见时的那种冰冷。

"你好像无动于衷,这电影不感人吗?"

"类似的影片看多了,一种事物经历久了,就没感觉了,如同爱情。"

"你谈过恋爱?"

他沉默良久,当我以为他不再回答时,他嘴角漏出一句:

"都过去了。"

我笑着，但很快就不笑了，低下头。

不知过了多久，大约有半个钟头，影院里人都走光了，之前和我们说话的外国男人在清理着情侣们留下来的爆米花碎屑。窗户上依稀还有雨点落下，但显然比先前小了很多。

他起身往门外走去，我跟在他后面。夜深了，得回寓所了。我心想。

在影院门口踌躇一会儿，雨还在下。我对他说："我就住在街道出口不远的地方，这雨恐怕停不了，伞你拿去吧，别再淋湿自己。"这样的话竟然会是一个女生对一个男生说。他显然被我的话吓到了，眼睛骨碌骨碌地看着我，目光柔软得像月光。

我没顾及他的反应，扔下伞径直跑了。心想他肯定会追上来，喊住我，然后把伞还给我，末了说不定还会拥抱一下我。在雨中，我期待男孩的拥抱，但直到跑出辛迪街道他也没追来。

回到住处时全身湿透了，水滴从额头滑落。我走进浴室，拿起吹风机，看见镜子里的那个女孩好傻。什么时候开始变成这样的？吹风机继续剧烈地蜂鸣，自己傻傻笑了起来。

## 4

接下来我照样每天晚上从辛迪街道经过，但好些天也没见到他。内心失落，像掉入夜色里看不见光的鹿。

但就在第六十次途经这里时，我又遇到了他。

他向我走来，表情落寞如霜。我刚要开口，他便邀我坐下。

我们坐在一张长椅上,路灯的光线打在身上,色彩柔和。饱满的月光下花香混着风,这种氛围浪漫得让人好想谈恋爱。

"怎么今天才出现?"他问。

"啊?"我愣住,明明是自己先想问他的,"这些天你也在这里等我?"

"对不起,伞今天没带来。"他语气低沉地说。

"没事。"我笑笑,又轻轻问,"你今天好像不高兴。"

其实,自从遇见他之后,我就想问他为什么俊秀的脸上一直不快乐,为什么要让自己冷漠得像块月光中的石头?

"是遇到不开心的事了吗?"我问。

他发出很虚弱的吸气声:"我们彻底分手了。"

"你们?"我看着他,"是上次你说的已经过去的那个人吗?"

他默然点头,然后平静地对我说:"我们是在中学时认识的。她那时经常去图书馆,我没事也坐在里面玩手机或者看闲书。我们常碰面,渐渐熟识起来。她长得不算漂亮,但很文静,似乎有和我身上同样的气味。可自从不在一个地方后,我们之间就越来越遥远了。"

"是她提的分手?"

"不,是我。我不想天天在电话一头听她说距离带给她多大的煎熬,我不想双方这么累。分手的话,彼此就都能得到解脱了。"

突然间我感觉胸口有细微的痛感,一个自己中意的男孩在说着令他伤心的情事,而我只在一旁充当听众的角色。

"你身上的气味,是像月光那样吧。"我说。

他怔了一下,眼睛里发出光来,聚拢到一起向我投来。

"嗯,你怎么知道?"他很少这样向我微笑。

或许也只有被月光圈养的孩子,才能理解这种气味。

6岁时,他的父母各自为了事业而分居。父亲去了法国,他和母亲留在国内。远隔天涯海角,东经118°到东经2°,近六个小时的时差渐渐拉开了他们之间的距离。他自小孤独,感受不到父母完整的爱,度过了一段有缺角的时光。而成人间的河流终究会在情感、文化、经济的岔路口决绝地分道扬镳。断裂的疼痛让无辜的孩子独自来承受,提前成长。

10岁那年,父母离婚了。他整整八个月没有说话。他感觉自己成了孤岛,在汪洋中漂浮,居无定所。他知道总有一天自己会离开当初生活的地方,去遥远的他乡。因为他是掌控在别人手中的一枚棋子,棋子是不会有表情和自由的,它和月光质地一样。

"我真的很想摆脱,可是……"他停了停,不再往下说。

"我懂你的忧伤。"我看着他。

"你懂?"他笑了一下,"为什么?"

"因为我们都是在黑夜里生长的植物,携带世界给予我们的伤,内心孤寂。我知道你的孤独从哪里来。"

他屏住呼吸打量我,夜色中露水朝着枝叶的下端滚动。

"是来自距离。你对有距离的事物充满排斥感。父母关系的破裂来自遥远的距离,他们因距离寂寞、生疏,内心磅礴的情感如同巨兽携带他们奔向一座迷茫的森林,各自逃避与隐匿,直至最后形同陌路。这让你恐惧、自闭与忧伤。所以当你和她不在一起时,你们之间也被安插进遥远的距离,想到随着时间的隔离,两个人到最后或许也会彼此分开,你怕了,所以索性提出分手。爱情敌不过距离,这是你被距离驯养出的认知。"

他俯下头,被人望穿一样,身体凝固在雾水里一动不动。

风中,鸢尾和郁金香的味道萦绕在鼻翼前,我感觉自己和他就像纸面里薄薄的人。

我打了声呵欠,他把肩膀伸过来。我靠过去,心里有激动、甜蜜,也有忧伤。他此刻看上去像一个脆弱的孩子,无力反抗这个世界。说真的,我真想抬高脸颊去吻他,那么孤独而让人怜爱的男孩。可身上的矜持却让自己躲开这些想法,又很快让自己从他那撤离出来。

"已经很晚了,我想我该回去了。"我假装从包里掏出手机看时间。

"那我可以送你回家吗?"他问。

"不用,我寓所离这儿很近。"

"嗯。"他嘴角僵住了一下,继续说,"下次我把伞带来还你。"

"好的。"我喉咙哽咽住了,很快缓过来,和他聊起其他话题,"对了,我有一个堂姐也和你父亲一样在法国。听她说那是个很美的地方,三面环海,气候温和。真让人向往。"

他似乎被什么震慑住了,吃惊地看着我,"可是,这里不就是法……"

我在这时甩了甩手里的手机,打断他的话:"真的很晚了。那,我们下次见吧。"

他百感交集地看着我,我礼貌地打了一下再见的手势,转身离开。

直到走出很远以后,我才意识到自己居然还不清楚他叫什么,住在哪里。心想,下次遇见他的时候再问问。

事后很多个晚上,我从辛迪街道走过,又一直没遇到那个男孩。

## 5

一天晚上在寓所上网,堂姐在线发照片过来,问我是否知道她现在在哪里?

我看了一下,发现照片上的地点是自己夜里常走的那条街道,便兴奋地对她说:"阿姐你回青港了?"

她发了个疑问的表情过来:"莹,我没回去呀,这里是法国。"

"可是,这条街道我见过。"

"啊?不会吧。"堂姐显然不相信我的话,"在哪儿见到的?"

"就在寓所附近。"

"莹,你是说它在青港?可这绝对不可能。你再认真看看。"

照片上还是那条充满异国风情的街道,两旁栽满鸢尾和郁金香,长椅边上是复古造型的路灯。很多路人都像迷路的人,静静在沿街的商铺店门前驻足张望。不过这是自己第一次看见辛迪街道白天时的样子。

我把照片不断地放大,突然在右边角的位置上看呆了。

他就坐在那张靠近影院的长椅上,孤独得像一匹骆驼,手里拿着我的伞。虽然照片里是白天,但我肯定那就是他。

　　脑中突然有种声音盘旋而来,所有和他相遇的场景暴雨般倾泻下来：第一次遇见,雨夜的电影院,他聊起父母和恋人,彼此依靠的身影,离开时我对他挥起的手,他俊秀却孤独的脸……

　　我陷到沉思里傻傻对自己说,这太可怕了,怎么会这样？

　　堂姐在线抖动了几次窗口。我恍过神来。

　　她问："莹,那你知道这条街道叫什么名字吗？"

　　"知道。"

　　"那一起把它打出来吧。"

　　几乎是同一时刻,屏幕上出现一种可怕的默契。

　　"辛迪。"

　　"辛迪。"

　　我静下来,把这一切梳理了一遍,发现自己第一次见到男孩是自己从辛迪街道走过的第十五次,第二次见到男孩是从辛迪街道走过的第三十次,第三次遇到则是经过辛迪街道的第四十五次,最后一次见到则是从辛迪街道走过的第六十次。每次都是月圆的夜晚遇到他。

　　这真的让人无法相信。

　　等到第七十五次从辛迪街道经过时,我却怎么也找不到那条叫辛迪的街道了。

　　那个像月亮一样的男孩,后来我再也没有遇见。

# 爱过爱情的青春

文/郁小词

在这样一个清风朗月的夜里,我隔着窗台眺望着整个城市。远的灯火,近的楼台,都嚣张地渲染上寂寞的颜色。

我坐下来抚着新做的窗帘,那幽蓝的仿佛年少时的海生的眼眸。

心里蓦地生疼起来,认识的都知道我有多么喜欢海生,不,更确切地说是疯狂地迷恋。

如果你在抽一根烟,嚼一粒口香糖,那么请允许我讲完这个故事,然后让这个故事随着烟火慢慢消失,也许可以像嚼过的口香糖丢弃在某个角落里了。

天知道我是多么不懂唱歌跳舞,却忘了我有多么胆大妄为。所以才有了我站在讲台上唱歌的这一幕。

瘦骨嶙峋的,短短的头发,声音是清脆的,可是不可思议的是我竟然一个字也不曾在调上。我昂首挺胸地唱着,起初一两个人偷笑,接着一群孩子笑作一团。我顿了一下看着音乐老师,女老师脸色微红,示意我接着唱,转身呵斥大家都安静。

写到这里我仿佛看到那时无所畏惧的女孩子,生生折腾大家二十分钟后瞪着眼睛,渴望得到掌声,却是一片笑声跌宕,这次连女老师也无法抑制地笑起来。

我默默地走回自己的座位上,心里不知悔改地想着:至少你们没有我这样的胆量。

如果我足够懊恼而没有听到海生在唱什么,我也不会惊鸿一瞥,而后心心念念至今难忘。

是一首粤语歌,黄家驹的《海阔天空》,我是听不懂的,但已足够烙在我心底,滚烫着,灼烧着。

午后的阳光透过梧桐枝落在我的书本上,我一笔一画地写着海生的名字,黑色的笔迹染上了黄晕,让人瞧出是带着心事的——少女的心事吗?

阿康是班里顶漂亮的女生。我注意到她,竟是因为海生和她走得那么近。

那时候我疯狂地迷恋看武侠小说,读完《鹿鼎记》时我趴在桌上,莫名其妙地想:也许阿康就是阿珂呢,他是小宝爱极的人,海生如果是小宝,那我肯定是双儿。

我从来没有嫉妒阿康的心思,海生喜欢的我都喜欢,就算是他喜欢的女生我也是觉得顺眼的。

晚上下课的时候他跟几个男生会一起回家,嬉笑着,也会一起大声唱羽泉的《最美》。哦,这首歌我是多么认真地学过,依旧跑调,真的无可救药了。

　　我远远地跟在他们的后面,看着他们散开了各自回家,我就跟在海生后面,不远不近,看着他开了门,锁了门,才回身疯了似的往家赶,每次一进家门把自行车一歪就咕咚咕咚地喝水。

　　海生喜欢在我歪着头看他时,冲我狠狠地瞪眼,我就会立刻扭回来,不敢再看他。

　　"曾经沧海难为水,除却巫山不是云。"那时候我单纯地喜欢这句诗,并不是我有多懂,反而是因为似懂非懂才更迷恋着。

　　没有晚自习的周五,海生会和其他年级的同学一起打篮球。我们的教室在四楼上,我会以写作业的名义留下来,坐在靠窗的桌子旁涂鸦着我心中的画,那是抽象的,只有我能读得懂的。

　　我斜着身子望了操场上,还有那飞舞着的身影,就接着安心地画着我的秘密花园。

　　过了多久我才蓦地惊醒,月亮都爬上了树梢上呢,我忙起身收拾东西,迟了就被锁在教学楼里了。

　　常喜欢用跌跌撞撞这个词来形容我的人生,跌进了红尘,撞碎了青春。

　　最让我匆促不及的是我跑得太快,被台阶一绊从二楼跌了下去,那一刻闭上眼睛生死由命了吧。

　　地是软绵绵的,我一个激灵睁开眼睛,就看到垫在身下的海生,慌忙着爬起来,才后知后觉发现左脚扭伤了。

　　"别动!"海生看我龇牙咧嘴的模样,冷冷清清地说道。

"女人真是麻烦！"突兀的声音响起，我才注意到身后还站着另一个人，隔壁班的方正。

我懊恼地垂着头，怎么能这么丢人现眼地出现在我最喜欢的男孩子面前呢。

门岗的大叔隔着栏杆门道："喂，你们几个，怎么回事？"

我顿时窘得无地自容，忙挣扎起来，海生伸出手扶着我，冲着门外的大叔道："大叔，我同学从楼梯摔下来了，现在脚扭伤了，我们送她去医院检查一下。"

大叔半信半疑地让我们离开了这里。出了教学楼我把书包整理一下，踮着脚闷闷地说："刚才谢谢你了，我自己能走的。"

那天晚上的星星都是带着心跳的，一闪一闪，晃动着。我也跟着星星一起晃动着——坐在单车后面，手紧张地抓着海生单薄的衬衫。

脚上在医务室敷了药，微凉的，手心却是沁出了汗。到了我家的巷口我懦懦地说："我家到了，嗯……谢谢你送我回来。"

海生平日里极少和我说话，今天晚上他特地送我回来的事足够我用心回忆一辈子。

"好吧，我先回去了，按时敷药两三天就见好了。"海生细细地嘱咐我，我低着头一瘸一拐地往家去，我不敢抬头，没有人看见我已泪如雨下。

方正不耐烦地催促："赶紧回去了，这都几点了，我妈要着急了。"车轮声渐远，我才敢回头张望。

日子还是按部就班地过着，我还是喜欢歪着头偷偷看海生，偶尔被他发现了依旧是狠狠地瞪我一眼，仿佛苦大仇深似的。

月亮和星星每天都在这里约会，隔着楼台，还有隔着孤单的我。

  二楼的阳台有扶梯可以爬到屋顶上面,我总是在半夜蹑手蹑脚地从这里爬到星星的脚下。我看见了远处零落在黑夜里的灯光,我猜有一盏是海生的,他总是喜欢熬夜,阿康无意间说与我听的。

  "要是能喝酒就好了!"我对冷月和酒的痴迷是因为喜欢李白,更因为李白是海生的偶像吧。

  "海生,阿康说下午放学等你一起回去。"

  "阿康,海生说他会晚点回家。"

  ……

  我跟阿康的关系突然好得莫名其妙,海生因为我们走得近了也开始让我走进他的眼睛里了。

  我就像那些快要走火入魔的武林高手一样,克制自己的心魔,人前威风凛凛,转过身吐血数斗。最害怕的是随着时间愈久,终归魔性大发。

  海生看着阿康的眼睛是风清月朗的,看我时是风平浪静的,而我使劲掐着手心,才把风生水起的爱慕压在九万里云层下。即使背人处肝肠寸断,也不喜欢人前被嫌弃。

  "木岚,你觉得阿康好不好?"海生歪歪斜斜地靠在窗台上,觑眼看着正在做作业的我。

  我手一抖钢笔甩出墨水落在刚画的抛物线上,完了,又要重新做了。

  我停下来看了他一会儿,半开玩笑说:"别跟我玩抛物线的游戏,明知道我数学这么差。"

  海生懒懒地换了个姿势,看着我懊恼地拿作业没有办法。

最后我干脆放下笔,看着他说:"阿康是我见过的最好的女孩了,漂亮,聪明,又善解人意呢。"

海生从窗台上跳下来坐到我的面前,大眼睛盯着我看,说道:"是吗?原来她这么好,那我追她你觉得怎么样?"

我立刻笑逐颜开:"好啊,其实我一直认为只有你们两个最般配了。不过,明年就高考了,我觉得还是以学习为重的好。"

"两面三刀!油腔滑调!"海生蓦地站起身来,从我身边走过。过了很久,我才松开自己握紧的手。

阿康在一个清冷的早晨跑来找我,拉着我的手说:"木岚,我和海生要转学了,可我舍不得你。"说完泪眼婆婆地看着我。

我一下子没有反应过来,呆呆地看着她,阿康的眼睛很大,像星星一样会说话。

浑浑噩噩地过了一整天,我反复地想,无法接受他们要转学的事实。

晚上我依旧跟在那些男孩子的后面,不远不近。

隔着路灯我看着海生停在自家门外,把自行车立在墙角却没有进去。然后他回过头来,似乎早已经知道我在后面,向我走了过来。

我愣愣地看着他,忽然心慌起来,像是被发现做了错事的孩子。我忙踏上车子要离开,脑子里只有马上逃跑这一个念头。

"不许跑!"海生早已冲到我的面前,一下子把我从车子上拽了下来。我从未想过被他发现要如何是好,我使劲地挣扎,害怕他质问我"为什么跟着我"。

海生将我死死地困在他怀里,低声说:"别乱动,你想把我父母都惊动吗?"

路灯昏昏沉沉,我有些不知所措地看着海生,他终于松开我,浅浅地问:"有什么话要对我说吗?"

我扶起地上的单车,他黑夜里没有注意到我的紧张不安,我闷闷地说:"嗯,听说你要转学了,祝你一路顺风。"

"还有吗?"

"没有了,我要回家了,不然大人要担心了。"

我以为他会拉住我说些什么,他没有,直到我躺在床上都还淡淡地失望。原来不是每个情节都可以像电视剧里那么浪漫。

第二天,海生和阿康都没有来上学。我脑海里不断地重复昨天晚上他看我的眼神,也许,他也是喜欢我的吧。

这一纠结就是七八年的青春不复。

我开始留着及腰的长发,每次回家都会站在当初的路灯下,也许,也许他下一秒就站在我面前了。

他转学后就搬家了,这个路灯依旧昏昏沉沉,可是没有了我喜欢的那个少年。

最后一次听说他的消息,是在天津遇到方正,他说:海生啊,去深圳了,两三年没有回来了,他女朋友是那边的。

其实这样也好,在我最美好的记忆里,谁也代替不了他,而这样戛然而止的情注定让我缅怀一生。

手里的茉莉花茶已经凉透,我的故事到了这里成了缺月的模样。

信手打开音乐,是陈奕迅的《十年》,听着听着就如痴如醉了。醉了也好,醉了也好啊!

# 爷爷,开灯

文/紫健

## 1

小时候,爷爷奶奶住一楼,我和爸妈住二楼。

楼道里没有感应灯,我却经常喜欢晚上下楼跑去爷爷家玩儿,每次一出门走到楼梯口,我就朝着他们的方向,大声喊:"爷爷!开灯!"

由于声音清脆而具穿透力,每次爷爷都能第一时间把小灯按亮,让我欢快下台阶进门。

有次,天还没完全黑,调皮的我故意喊:"爷爷!"爷爷像以往一样匆忙跑到门口回应我,我却喊:"不用开灯!"喊完我们都哈哈大笑。

爷爷说,每次一到晚上,连上厕所时都不敢时间太久,生怕我喊他时听不到。

  这短短的十级台阶,我每次都走得幸福而满足,那是童年记忆里最甜的记忆之一。

  小学离家很近,步行也就五分钟,爸妈下班又较晚,我就顺理成章地每天背着小书包到爷爷家写作业。事实上,我作业写得很快,然后就想着在爷爷家玩儿各种探险或者出门找小伙伴跳皮筋。我调皮又冒失,不是把爷爷写字台抽屉里的笔盒弄乱,就是故意把大灯打开,过一秒再关上,反复好多次。

  而爷爷,总是很认真地在昏黄的台灯下写字,我只记得他的背影,很执着。

  爷爷是老师,退休后才开始练字,可每天坚持雷打不动四五个小时,从未间断。有天放学,我由于约好了去玩儿,急急忙忙一进门就把小书包甩到了沙发上。这时,听到"哗啦"一声响,好像书包压到了什么,走近一看,那是一张纸,是爷爷工整写的一大幅字,纸被书包瞬间撞出了褶皱,还有个破口。

  外屋的奶奶听到声音,忍不住责怪我粗心大意。"哎,那是你爷爷参加比赛的作品。他辛苦写了好几天才完成。刚出门一会儿就被你这么一弄,明天可怎么交稿?"听后我也哭了,又抱歉又后悔,在一旁不住抹眼泪。

  这时,爷爷买菜回来了。

  我不敢看他的眼睛,边抽泣边低头说"对不起",爷爷慢慢过来,用他粗糙有力的手摸了几下参赛的字,然后蹲下来,拍拍我的头:"别哭啦,没事的。爷爷还可以再写,来得及。"

他说得很慢，却很坚定。

"爷爷，比赛如果得奖了，会有奖品吗？"我擦干眼泪，带着哭腔问。

"会啊，会有大奖呢。"爷爷笑着说。

"那奖品是啥呢？"我更好奇了。

"是免费旅游，去海南岛。我就可以带你奶奶去，她喜欢出门看风景，可惜一直没条件。"

"那，那你们还会回来吗？"那时的我，以为去了就要留在那里。

"当然啦，回来给你带礼物！"爷爷又笑。

"那拉钩！"我们在小屋子里拉钩说"一百年不变"。

爷爷就是这样，把我哄笑，自己那晚却没怎么睡觉。那年冬天很冷，家里暖气又不足，他披着外套，在台灯下硬是又工整写完了一篇，为了他和奶奶的梦。

后来，爷爷的字真的得了一等奖。他和奶奶去海南旅游了一星期。回来时，他们都变黑了些，他兴奋地告诉我那里的大椰子才几毛钱，还说那边的天比家乡还蓝。

那时的我，心里默默许愿，自己也要遇到一个能带我去海南岛的人，还要陪我喝椰汁。我不知道什么是爱情，但觉得，它如果有样子，应该就是爷爷和奶奶这样。

## Z

我当时才一年级，也不知道什么是耳濡目染，只感觉爷爷每天那么认真地练字，那么他做的事情本身一定有一种魔力,终于有一天,我悄悄走过去,双手扶在桌子边,小声问:"爷爷,这个'学'字为什么要这样写呀?"

我还记得那时爷爷脸上的惊讶,他停了好几秒,才笑着告诉我,这样写结构比较稳定字也舒展。

"你想学吗?"爷爷突然转过头问。

"嗯。"我点点头,想了下又说,"不过学的话我也要钢笔。"

"没问题!"爷爷笑得特别开心。

用奶奶的话说,爷爷那天像拾到宝了似的,说他的这点小手艺后继有人了。我学得还算快,悟性也不差,学校每学期都有写字比赛,我参加的那几年,一等奖从没让给别人。有时候爷爷去开家长会时有别的家长问秘诀,他就很淡定地说:"其实这是天赋,她是有慧根的。"

直到现在,闭眼一想,都能浮现出他当时自豪畅快的表情。

后来,爷爷的字越写越有名,有电视台采访,也有学校请他去讲课。他却说自己只想和小孩子打交道,于是全家商量后,决定收拾出一间房给爷爷当教室,让他闲时教学生写字。

那时候,爷爷没有什么宣传措施,都是邻里乡亲口耳相传,也有部分我的同学,爷爷利用周末两天时间,耐心地继续做老师,拿着微薄的学费,一丝不苟地备课讲课。

本来只有两个小班,后来扩大到四个,又细分成了楷书和行书班,爷爷的周末被排得满满当当,爸妈让他注意身体,他却乐此不疲,说这是他的精神支柱。

我也和其他学生一起上课,心里有自己的小目标,就是超过他们,成为写得最好的那个。爷爷设置了个环节——下课前分组轮流上黑板写今天学到的所有字,平均分最高的那一组免作业。我不是为了免作业,只为了给小组争光,让其他人也清楚看到,虽然我是爷爷的孙女,可真的是凭实力拿小红花的。

有一段时间,爷爷感冒,停课了几次,我在家陪爷爷,他边咳嗽边对我说:"这几年,我教过了很多学生,可是,没有一个写得比你好,谢谢你,爷爷一想到你将来也会超过我,心里就美。"

"我不会超过你的,爷爷你写得那么好。"我说的是真心话。

"会的,再长大点就会。"爷爷同样很坚定。

那时语文课绕不开的作文题目是"长大后我想变成——",我的第一答案自然是老师,像爷爷奶奶这样,我回去开心地告诉他们,奶奶很高兴,可爷爷表情却很复杂。

"有理想是好的,只不过,当老师,是要负责任的,你长大后就会懂。"爷爷意味深长地说。

## 3

爷爷身体还算硬朗,不过他很喜欢吃甜食,每次出门时,口袋里总不忘装几块不同口味的糖果。家里人说吃糖太多不好,爷爷每次都点头,可下次看到糖,还是忍不住。

"爷爷我来监督你!"我于是自告奋勇。

"好吧好吧,你就爱凑热闹。"爷爷无奈地答应。

我真的很尽责,定期检查他口袋,有时全家一起出去吃饭,饭桌上一旦上了什么糖醋鱼、香芋丸子、拔丝地瓜之类,我都会目不转睛看着爷爷，一旦他吃多就大声喊出来。于是很多次，爷爷的筷子慢慢伸出，又缓缓收回。

他还是得了糖尿病，也许和吃糖关系不大，可一得病，不用我监督，他自己再也没有买过糖。反而我，再看到那些可口的小点心，第一反应总是"唉，可惜爷爷吃不到"。初中时去北京旅游，第一次吃稻香村的各类小点心，我们给爷爷奶奶挑了一大盒带回去，觉得他吃一口尝尝味道也好。

奶奶后来告诉我，那天晚上，爷爷好奇地打量着盒里的小点心，好几种，拿起又放下，最后只尝了半块牛舌饼，因为听奶奶说是咸的。我听后心里特别难受，想着为什么要让那么爱吃点心的爷爷得病，也有点后悔之前还说什么监督他。

## 4

高考后，我要到离家很远的地方上学，飞机都要三个半小时。报到的前几天，我各种不舍，尤其是对爷爷奶奶。记得走前一天到他们家吃鲅鱼饺子，爷爷笑着说："去看看外面的世界，是好事。我们可以写信，我和你奶奶都写。"

"好。我也会常打电话的。"

"嗯。到了学校，还是要好好学习，人外有人，天外有天。也别忘了练字。"

大学生活，比我想象中更加热闹。我每天好奇而欢乐地吸收着各种信息，也参加了一些社团，寝室在三楼，每晚9点左右，同学们还成群结队下楼参加各种社团活动。

只是大一的中秋节，省内的两个室友回家了，还有一个去了亲戚家，只留下我一人。

我洗完衣服已经很晚，想下楼买点水果，出门后走着走着，楼道里的感应灯突然灭了。那一瞬间，长这么大，我第一次想家。

更想的，是大声再喊一声"爷爷，开灯"。可我知道，这次，不会有爷爷来回答我了。

沉默了几秒钟，我开始大声跺脚，灯还是没亮，可能真的是故障了。我摸着黑走到最近的寝室，敲敲门，借到了手电筒。

那时，我才明白，生命里有些黑暗，需要自己独自面对，如果你不勇敢，你的灯，永远亮不起来。

爷爷的信比我想象中来得还要快，他告诉我在新环境要勇敢亮出自己，也要勤快虚心。

我说期中考试高数考得不好，他就在回信中列举了一大批数学学得不好的大文豪，还附上了几个报纸上看到的小事例，说每个人都有短板，只要将擅长的做到极致，就会有出息。后来，我在中文系渐渐适应了节奏，也有了点名气。

大二时，我鼓起勇气在一次电话里说："爷爷，我想出国读研，你会支持我吗？"

"那是好事啊，如果你顺利去到理想的高校，我和奶奶都一百个支持！"电话那边爷爷的回答令我惊讶又感动。

"如果学费不够，还有我，这几年教学生练字我也有收入呢。"爷爷继续说。

好像，在每个我本有机会靠近他们的时候，爷爷都会放我走，上大学时一样，这次也一样。

## 5

去美国后,每次给爷爷打电话,我已熟练地掌握了报喜不报忧,而这项技能,在离家上大学的那一年,我才刚刚接触。

以前一年回家两次,出国后,一年最多回来一次。第一次暑假回国时给爷爷带了块很古典的怀表,听妈妈说,爷爷从那以后每天出门都会带在身上,经常盯着上面的图案发呆,还有时吃饭时突然说:"也不知道,紫健现在在干什么呢?"

第二年暑假回国,得知爷爷虽然坚持散步,不过走的路越来越少,他的糖尿病加重,双脚已经有些麻木,他和奶奶的头发也都变白了好多,而这对我来说,仿佛发生在一夜之间。

时间就是这样残酷,渐渐地,我们有了自己的生活,却不能再参与他们的变化,无论是成长还是老去。

奶奶告诉我,有时以前的学生来看他,爷爷依然会骄傲地跟他们讲我的事,说我在美国读研,成绩优异,很有出息。还有很多我信里写过但自己早已淡忘的事,爷爷却一直熟记于心。家里的抽屉里整齐地摆放着我从小学到现在给他们寄过的明信片和贺卡,按日期排列好,一丝不乱。写字台的桌子上有块透明玻璃,以前,玻璃下面总压着爷爷自己的硬笔作品,而现在,那里满满都是我和弟弟妹妹跟他们的合照,看到满屏的笑脸,自己却不争气地落泪。

可惜,我现在也没有什么大出息,毕业后回国,朝九晚五,在北京过着平淡生活。只是,那些他教我的善良、勤奋以及去拿时间换天分,我一直牢记在心。

有一天晚上做梦，梦到爷爷离我而去，我怎么呼喊"爷爷开灯"，那盏灯都是灭的。我吓醒了，继而一身汗，接着一直哭，才发现，我还是没有足够的勇气来正视生命中可能的失去。

想想这些年，我看过很多书，走过一些路，以为自己经历过一系列生命之重，其实，自己还没学会承受的，是生命之轻。

可是，若是一个对你重要的人，我真的不想在他渐行渐远时才如梦初醒后悔莫及。

也许，很久很久以后，地上的那盏灯会最终熄灭，但他会变成天上的星星，那时的他，依然是我寂寞天地里的大英雄。

# 恋火烧不透，此生爱不够

文 / 王宇昆

## 1

"不讨厌你怎么会把鼻屎丢进你的茶杯里……"

正准备说出这句话的时候，牙套坐在我的对面写着实验报告，她晶绿色的大框眼镜不断从塌塌的鼻梁上滑下来。不过刚刚这句略带恶意的话我终究还是没有说出口，在她第三遍扶起镜框后。

她问的问题是："D他到底是讨不讨厌我啊？"

我心里发出"嗤"的一声冷笑，心想着这种被分手后还能问出这样问题的女子也就只有她牙套了。可就算我对她这种情商的人内心充满了鄙夷，脸上还是必须得表现出一副同情万分的表情。

因为，我是牙套唯一的闺密，男闺密。

牙套是位情商低到尘埃里的女博士，我并没有集体涂黑女博士这个群体的意思。之所以说牙套情商低，当然必须要讲讲她那两段谁听了都会隐隐同情，然后心塞着叹出一口气的恋情。

## Z

我和牙套所在的学校本硕博同在一个巨大的校区，教学区错综交杂，所以长相有点着急的牙套经常会被同校的那些师弟师妹认成老师，当然抛开长相，牙套凭借着她在学术领域不可一世的高度也的确可以当那些无知小孩的老师了。鹤立于女博士群落中的牙套，那副绿眼镜和浓重的黑眼圈把她衬得格外显目，像群落中的土著长老，手里抓着的那本厚厚的《现代分子生物学原理与技术》就是她统领部族的权杖。

但和《非诚勿扰》那些跑去相亲的女博士不同，牙套没那么渴望恋情，但万分惧怕寂寞。挥斥寂寞的方式固然很多，交朋友当然是条罗马大道，但研究生时期连续被两个闺密抢走男友的她，好像从她晋升女博士之后，就再也不奢求这种风险极高的友谊了。所以她又头脑简单地把驱赶寂寞的方式统一归结到了一个方向，那就是爱情。

于是就有了牙套和第一个男友 D 的故事。

D 是我的室友，牙套和他在一间实验室里认识。牙套和 D 分别由两个不同的博导带着，却共同研究着一个领域的问题，所以差不多算是竞争关系，因为学校实验室比较紧张，所以两个团队经常挤一间实验室。每次 D 一大早打算去抢占实验室先机的时候，却都发现牙套已经正襟危坐地在显微镜前面观察玻片了。

无巧不成书，如果生活毫不狗血，剧本也没法随随便便玛丽苏。

这天牙套拿着她的权杖拎着一袋子小笼包推开实验室门的时候，却发现自己一个买早餐的工夫，位置就被人占了。她丢下权杖和小笼包，上前欲晓之以情动之以理的时候，又发现对方正在观察的是自己昨天刚刚做好的实验样本。

这下子可好了，牙套心里瞬时沸腾起一种被人偷窥到的火焰，她朝着 D 的脑门上来一个脑瓜崩，男生当时那个反应差点把实验室角落里饲养的小白鼠给吓得免疫变异。

室友 D 也不是什么省油的灯，两个人当机立断来了场博士群落里的大战。这算是结下了梁子，牙套知道了 D 的大名，D 也记住了牙套的狰狞。为此，牙套再次向学校申请实验室，但无奈的是，上面没批下来。

所以，就在故事的发展本应该是牙套与 D 持续争夺实验室白热化，最后打得不可开交的时候，老天爷却突然开了个玩笑，牙套和 D 在一起了。

作为 D 的室友，尽管我有些鄙视 D 的审美，但就算天公再怎么不作美，作为旁观者的我也只能默默在两人秀恩爱的朋友圈下点个赞，心里祷念几声"情人眼里出西施，爱情不是想买就能买"。

可是，牙套却仿佛变了一个人。

她变得多愁善感起来，自己的衣着、发型好不好看，甚至担心起自己的表情、接话时的表达是否符合 D 的胃口。像是久旱遇上甘霖，饱含爱意的玉米棒子一夜之间涨破了外衣。牙套终于感觉自己不是一个被寂寞拥裹的女博士了，而是变成了一位爱情事业双丰收的社会精英人士。

这期间，牙套和 D 热恋，他们像歌里唱的那样，你占位来我实验，你打饭来我实验，你像个小仆人似的任劳任怨我实验……牙套只需要不停地做实验然后一边享受着 D 带来的男友牌至尊服务。这段时间，牙套真是掉进了蜜糖水，觉得从早恋、初恋到绝恋，D 简直就是集百家之长，男友里生出的人精。

温柔体贴、懂事顾人到掉眼泪啊。

## 3

久违恋爱的感觉的确很快驱赶走了蒙在心头上的那层寂寞，尽管两个人一起埋头实验室的时间多过了一起看电影、烛光晚餐、轧马路加在一起的所有时间，但她仍然觉得自己是幸福的，像过山车突然飞到轨道顶峰那种快感一样。

当然 D 也是有变化的，对于他来讲，唯一的变化就是他的实验报告换了一套风格，比以往更加精致，更加完备。D 的导师欣喜于他的这种变化，甚至还给他多拉来几个私活，让 D 乐得合不拢嘴。

看到这里，或许你会觉得他们爱到一起的缘由未免也太莫名其妙了吧，没错我也这样觉得，可当一个半月后，D 向牙套提出分手，我才觉得这一切竟然锋利自然得如此逼真。

D 月初在某顶端科学学术杂志上发表了一篇论文，引起了年级组的剧烈轰动,平常碌碌无为的他突然成了博士生群落中的冉冉新星。而论文出刊的当天,D向牙套提出了分手,分手的理由是"他在牙套那里找不到成就感"。

呵呵呵,这个理由就像是吃完韭菜饺子后,粘在牙套上的那片油绿油绿的韭菜,让人作呕。

"他找不到成就感?他的成就感都用来偷窥我的实验数据了!"

分手后,牙套好像对于D当初追求自己的目的大彻大悟,我安慰着醍醐灌顶的她,听她骂骂咧咧的话卷携着牙套上反射来的光投放到空气里,如同台风着陆后立刻软成了热带气旋。女博士牙套生气起来都让人觉得同情,当然也只有同情了。

其实我夹在室友D和牙套之间是很难做的,这边我跟着牙套一起咒骂了D的丧尽天良,那边又要听着D讲和牙套谈恋爱是多糟心多受虐的过程。

为了脆弱的感情,人也不得不把自己活成一个卑鄙的小人啊,不是有句话说得好吗?先小人,后君子,真是对我的极大讽刺。

后来,牙套把D抄袭这件事情闹大了,D则打死了也不承认自己是抄袭,而是共同完成实验,自己只不过是把自己负责的那部分数据整理了出来,甚至拿出了各式各样的资料证明,天衣无缝得让人觉得D像是被诬陷了一样。更让人无语的是,大家知道牙套和D曾是情侣后,都只是把这件事情当成了情侣闹掰后的一场闹剧。

牙套吃了个哑巴亏,哭得昏天黑地。

"我当初男友被闺密抢走都没哭成这样……"

牙套一边在绵延不断的哭声中吸着鼻涕，一边在停顿的空当中加入类似的话。还真是可怜啊，可这种可怜也就只有我明白吧，后来我对牙套说要不要我出来作证，她拒绝了我，心无执念地哭丧着脸对我说了句"无所谓了"。

这边的"无所谓"是牙套辛辛苦苦做了一个半月的实验全部"到手的鸭子飞了去"，而D那边的"无所谓"却是享受众人歆羡的明媚目光和导师的极力表扬，一家科研外企还抛出了橄榄枝，高薪聘用。

爱情就是这样啊，你以为自己活得甜蜜快乐，只不过是别人给你设了个套，等这甜头过去了，就只剩下辛酸的回味和油腻的憎恶自悯自怜了。

可对于牙套来说，这段感情也不能算是一无所获，起码她有片刻的至尊 VIP 幸福和曾与寂寞告别的踏实感。

## 4

其实，牙套和D发生这段故事的时候，我还并没有成为她的男闺密，因为他们热恋期我去蹭了顿饭，于是就被牙套设定为D身边的"监视器"了，女博士这点还是蛮机智的，后来他们分手，便成了牙套的"伤心话收纳器"，慢慢地就变成了现在这个关系。

黑云压城城欲摧，寂寞来时无人陪。

牙套说女博士和男闺密将来都会孤独到老吧，看着她那副生无可恋的表情，我成了后来那段寂寞重来时间里唯一可以给予她点点安全感的人了。

要毕业的那年，牙套终于快要摘掉牙套，她那副晶绿色的非主流眼镜也已经无法满足她又长高的近视度数了。这时候，她又遇到了第二个自己主演的故事。

那段时间，牙套陆陆续续拿到了几家公司的offer，女博士好就好在，对于养活自己这个方面，终于有了点话语权。她忙着甄选的时候，甚至开始有些留恋这段为数不多的校园时光了，而就在她幼稚地把学校那棵银杏树落下的叶子拼成一个心形的那个下午，肩膀突然被一只手掌轻轻拍了两下。

牙套转过身，一个三十七八岁的男人站在了那颗心的外围，笑着问她办公主楼怎么走。男人的长相是张震和小田切让的结合体，让只看过《卧虎藏龙》和《光明的未来》的牙套一瞬间慌了神。

这是她第一回见到阚叔。

## 5

有时候，喜欢真的是一瞬间的事情，我们不能严肃地说是一见钟情，因为这个词语里的"钟情"显然没有那一瞬间迸发的火花唯美动人。我至今记得牙套向我描述见到阚叔时的心情，就像甜筒最先融化的那一滴，在就要融化的那一瞬间，嘴巴慌张地靠了上去，生怕这短暂的愉悦消失。

可阚叔是新来的日语老师，教本科生的，和博士生的生活八竿子打不着。那次偶遇之后，牙套天天心心念念，我怂恿她马上就要变成社会青年了，不如再不羁一把，于是在我们的精心讨论下，牙套弄来了阚叔的课表，开始装成本科生去蹭他的日语课。

女博士牙套又要开始扮嫩了,她和D谈恋爱的时候就说自己每天都尝试着把自己打扮成小太妹,可发现自身条件再怎么改造充其量也只是小太妹身旁提着菜篮子买菜的已婚主妇。牙套对着镜子一阵涂抹之后,皮肤是明显比以往改善了不少,面颊的桃红也让她多了几分小鲜肉的底气,只是那眼睛里,还是嵌着女博士洞穿多少是是非非的深邃。

"你要肤浅点,对,上瞟,时不时来个飘移白眼,想想那些小女生天天脑袋里想些什么,你就想什么。"

"她们想什么?"

牙套这个敏捷的问题还着实问倒了我,我左思右想索性换了个方式。

"哎呀,好了好了,你就想着那帮小女生也都像你一样花痴那个大叔,现在眼神找没找到感觉!"

"找到了!我要把那些小姑娘的眼珠子都抠出来!"

和女博士真心不在一个频道,我看着镜子里的她,发自肺腑地笑了笑,转而继续看她的论文。

第一堂蹭课,阚叔穿了一件连帽衫,帅翻整个阶梯教室,坐在角落里的牙套像做贼似的假装找到拍PPT的角度,实则是在偷拍阚叔。

咔嚓咔嚓,真像个18岁少女似的。

下课的时候,她故意留到最后,切合阚叔的节奏,和他一起走出教室,阚叔果然认出了她。

"你不就是那个那天,在草坪上拼心的女生吗?"

阚叔脸上浮出那天一模一样的笑容,牙套心里咚咚敲起鼓来。

"啊！老师，你还记得我啊。"

这句话牙套刚一说出口就后悔了，她后来回想本应该以一种自己忘记了，对方却记着的姿态回应。

"你是日语系的学生？"

"额……这个，对，我是转系生，这学期刚来的。"

牙套说这句话的时候，表情出卖了她毫无底气的心理，她利索地抢过阚叔接话的空当，翻开从旧书店淘来的日语教材，装模作样地问了几个问题。

"这本教材，已经是十年前的版本了，新版这里早就删掉了……"

牙套的手指指着一个自己一点也不认识的字符尴尬地对着阚叔笑了笑，这下好了，完全露馅了。不过幸运的是，阚叔最后给牙套留了自己的QQ号和办公室位置，叫她有不懂的地方可以来询问。

## 6

算是有一点点起色吧，牙套开始像个辛勤的小学生每天最早到教室里坐着，位子从最后的角落逐渐过渡到第一排正中央，360度无死角地看清了阚叔的每个角度的帅气。她对我讲，好像是初恋的感觉了，虽然只是暗恋，但寂寞的感觉却一点也找不到了。

我泼她冷水，说她是深闺老妇中毒了。

阚叔QQ关联了微信，牙套偷偷发送了申请，没想到阚叔竟然通过，起初小心翼翼检查断句语气的留言，阚叔竟然也都是秒回。那句网络名言，不是说秒回是这个世界上最温暖的事情吗，现在牙套真是要被阚叔暖到心都融化了。

牙套通过朋友圈知道阚叔曾经在日本留学三年，知道他最喜欢京都的樱花和北海道的薰衣草，知道他喜欢吃三文鱼讨厌芥末，还知道他有个谈了两年的日本女朋友。

女朋友那条是从他微信那天不小心发出来的图片的右下角水印上，得知了他的微博地址，然后一个通宵浏览完一千多条微博，在倒数第九条得知的。

"哎，又是注定结局的开场，什么时候演到尾声啊。"我心里暗暗为牙套这段恋情打了封印字条。

知道牙套可能心态会有变化，但她在我面前却没有表现出太多的沮丧或是失落，她依旧早早去蹭课，时不时去阚叔办公室借着问问题的机会多瞟他几眼，生日或是节日礼物祝福从不落下。

说到头，牙套好像并不在乎这段感情的结局，比她和D谈恋爱时要成熟，要镇定，像自娱自乐却充实感人的女配角。女博士毕竟经历得要更多，所以她们会在每一场故事后，迅速成长，因为这才是女博士该有的品格。

这场静默的感情最终在冬天即将来临的时候结束，阚叔要调走了。告别的那天，牙套最早赶去了阚叔的办公室，趁着他还没来收拾东西，把那本她用了一个学期，从旧书店淘来的日语教材塞进了他的档案夹里。

牙套竟然也忘记了最后见阚叔是什么时间什么地点了，她没有送别，没有伤感，像个没事人似的度过了这一天，度过了后来阚叔离开后的每一天。

我有时候在想,是不是 D 对牙套的感情伤害让牙套不敢再对爱情有所奢望,所以她不再期待结局,不再忙于留恋。

后来我问她,是否有向阚叔表达过自己的感情,或者说,阚叔是否有察觉到她的感情。牙套给我的回答却依旧是那副生无可恋的表情,然后笑了笑,摇了摇头。

"如果我们事先认识了将要偶遇的陌生人,那转角和路口发生的故事又有什么意义呢?不一定非要彼此知晓,才能爱。"

女博士牙套的沉稳大气像十八个排气口的跑车,"嗖"地一下从我的心脏旁边奔驰过去,我看着她,突然有些难受。

## 7

其实故事的背面,有太多我们知道却不愿意讲出来的事情。

就比如,其实当初一心想要出国交流的 D 急需一篇出色的学术论文来装裱自己的简历,于是我给他出了靠近牙套,利用牙套的坏主意,这也是后来我会心甘情愿陪着牙套的原因,算是一种补过吧。

还有,那天在阚叔离开后,牙套在实验室里偷偷哭了一整个下午。

至于那本陈旧的日语书,我偷偷翻过,牙套在阚叔重点讲解的知识点旁边都画了一张阚叔的头像,而且最后一页还夹了一张牙套偷拍阚叔上课时的照片。

这些乱七八糟、零零碎碎的秘密,我们最终谁都没有讲出来。

## 8

"D 他到底讨不讨厌我呢,你说啊?"

"讨厌!讨厌!不讨厌他怎么会把鼻屎丢进你的茶杯里……"

毕业那天的散伙饭,卸下穿了一天博士服的我们坐在 KTV 包厢里,已经摘掉牙套的牙套晃着我的胳膊追问,最终,我还是不耐烦地把这句略带恶意的话说了出来。她"噗"的一声把喝了半口的啤酒呕了出来,晶绿色的眼镜飞离鼻梁。牙套埋怨着,然后用手掌"啪"的一声重重拍在我的肩膀上。

KTV 的歌正好放到了张国荣《红颜白发》里那句"恋火烧不透",这一刻,我们都默契地笑了。

# 干大事的人

文 / 程沙柳

## 1

2004年的冬天,稻田镇下了一场很大的雪。风也很张狂,雪被吹得到处乱舞。

唐鹏蹲在我家大门口,头低低的,差一点就贴到地面上了。虽然有屋檐挡着,但还是有一些雪被风吹到了他的头发上、衣服上。

他妈今天嫁人,婚礼在五十米远的一户人家举行。鞭炮声和欢呼声比风声还大,野蛮地闯入唐鹏的耳朵。

他爸死了,他妈重新嫁人。他妈要他去认新父亲,住新房子,他不去,一个人躲着哭了很久,之后就跑来我家门口了。

奶奶看到后说:"可怜的孩子,进来烤火吧,别待着了。"

唐鹏不动。

我不知道哪里突然生出了一股豪情,走过去一把拉起他,对他说:"没什么大不了的!"

唐鹏站了起来,头依旧埋着。

我听到了啜泣声。

奶奶走过去把唐鹏揽在怀里:"没关系呀,傻孩子,你还有沙柳,还有奶奶我。"

唐鹏一下哭得更大声了,但他的哭声又被新的鞭炮声和欢呼声所掩盖。

过了大概十分钟,唐鹏哭完了,站起来,右手一抹眼泪:"对,没什么大不了的。我是要干大事的人,不能为这样的小事哭!"

那一年,唐鹏12岁,我11岁。

## Z

唐鹏不愿意跟着他妈住到他妈的新家去,但是他家的老房子屋顶上有几个不小的洞,一到下雨天雨就不停地往屋里窜。那次又下雨了,唐鹏他妈也不能在家给屋顶修补了。他跑到了我家,尴尬地低着头扯着衣服下摆:"下雨天我家没法住人……我可以住你们家吗?"

没等奶奶说话,我就一把抓起他的手,把他带到了我的房间。躺在床上,我们一边说话一边听窗外哗哗的雨声。

唐鹏说:"程沙柳,我跟你说,我觉得我就像个流浪的孩子。

我好想哭呀,但我不能哭。我以后都不哭。因为我是要干大事的人,不能为这样的小事流泪。"

"干大事的人?"这是我第二次听他说起干大事的人了,不禁疑惑地问他。

"嗯嗯,就是要干大事啊,要出人头地,要让我妈明白,她这样把我遗弃了是错的,要她后悔。"

"那为什么非得干大事才能让她后悔呀?"我不解,继续问。

"干了大事,就证明我是有出息的啊。我听说大人们都不会遗弃将来会有出息的孩子的。"

我还是似懂非懂,只得拍拍他的背说:"你不要难过。干大事要慢慢来,以后,你就住我家吧。"

唐鹏只在我家住了一个晚上,第二天他回去以后弄了个梯子,爬到房顶上用几片不知从哪儿找来的瓦盖住了那几个洞,然后又开始收拾屋子。

中午时,我去唐鹏家找他的时候,他正端着水盆往灶房里走,水盆摇摇晃晃,一盆水有一半洒到了他身上。

我问他:"你这是在干吗?该去吃午饭啦。"

唐鹏放下水盆,用坚定的眼神看着我:"我以后要自给自足。"

那次,他没有去我家吃午饭。之后,他也没有去过我家吃饭或睡觉。他真的做到了自给自足。或许这就是他为以后要做大事而进行的精神上的准备吧,我内心里不禁那样去想。

# 3

唐鹏一直觉得他妈欠他的。

有次他突然对我说:"我爸死了,她应该养我,结果她嫁人了。我不会去她家的,虽然我们两家只相隔五十米。"

我站在唐鹏那一边。那时,作为孩子的我,也觉得是唐鹏他妈遗弃了他。因此,当有一次我和唐鹏正在玩游戏,唐鹏他妈端着各种吃的来看唐鹏的时候,我的态度和唐鹏一样不屑一顾,就当是没看见,继续和唐鹏旁若无人地玩着游戏。

唐鹏他妈端着一碗冒着香气的肉站在我们身后,不知所措。她不敢放到桌子上,上次她放在桌子上刚走出门,唐鹏就端着那碗肉朝她背后砸去。

我们一直在玩游戏。大概过了一个小时,我转过身,唐鹏的妈不见了。但肉的香味一直在,让我误以为她一直站在我们身后。

我说:"唐鹏,你妈做的肉可真香。"

唐鹏把游戏手柄往地上一甩:"香什么香!"

"她什么时候离开的呀?"我继续问。

"谁知道啊。"

我问得无趣,就继续玩游戏。唐鹏叹了一口气,又从地上捡起游戏手柄,也玩起游戏来。

后来还有一次,唐鹏又和他妈吵了起来。

"你没有让我感觉到一丝温暖,我是无论如何也不会原谅你的!"唐鹏指着他妈说,说完就跑进房间"啪"的一声关上了门。

而他妈一下子瘫坐在地上，不知该如何是好。

## 4

2006年小学毕业后，唐鹏无心再读书，就想着出去打工。

唐鹏打算去广州，他妈知道了，怒气冲冲地跑到他面前质问他："你疯了，要出去打工？你才多大点？想都别想！"

唐鹏脖子一梗："关你啥事，我爸还没安息你就嫁人了，抛弃了我，现在是怎么回事？告诉你，你已经没权利没资格管我了！"

他妈气得整张脸都红了，扬起手要打他，唐鹏跑进去拿了把菜刀出来："你直接砍吧！砍死我算了，你就一了百了了！放心，没人说你，我也不会找你抵命！你砍啊！砍啊！"

他妈气晕了过去。

唐鹏义无反顾地去了广州。他和镇上几个初中还没读完的少年一起结伙去了广州一家电子厂打工。

他走的时候，来和我道别，我说："你这么小，我怕你被骗，还是不要去了吧。"

他装腔作势地笑了起来："你又忘记我说过的话了，我是要干大事的人，干大事的人最需要的是什么？钱呀。而钱又需要时间来实现……你懂我的意思了吗？"

我不是太懂他的意思，但我能明显感觉到，他比我想的要多。怕他骂我白痴，我只好点了点头。

唐鹏拍了拍我的肩膀："你适合读书，好好读，以后毕业出来了我罩着你。"

说完这句,他就走了。他在广州待了两年,觉得赚不到钱,就又去了中山、惠州等地,到2011年,他又去了深圳。

2012年冬天的时候,我去深圳一家公司实习,唐鹏知道后,请我吃饭。我们在一家烧烤摊吃烧烤,抽烟喝酒。我们聊起了很多。

这六年,唐鹏换过很多厂,他把他最年轻最美丽的时光都无私地奉献给了循环往复的流水线。

"现在我在深圳打天下,可我依旧还只是个小工人,天天面对的也依旧是流水线。但我不甘心啊。我最穷的时候,都没钱吃饭了,买了三个馒头,躲在出租屋里吃了两天。我还不是活过来了?我受了那么多苦,就是要让我去干大事的。你说是不是啊?哪个干大事的能不受苦呢,是吧?"他有些醉了,说个不停。

我听着他说这些,和我学生生活完全不一样的生活,有些想哭,但终究还是没哭。

之后,两人沉默了好一会儿。

"哎,那个,韩静怎么样了?"唐鹏突然问。

"在镇上开了个理发店,生意还算不错。"我愣愣地看了他一眼。

唐鹏没有说话,继续抽烟。

韩静是稻田镇一个医生的女儿,长得白白净净的。她高一那年的冬天在镇上玩雪的时候遇到了拖着箱子从广州回来的唐鹏。他们聊得很投机,对彼此都有些意思。

在韩静眼里,唐鹏是见过世面的人,不像自己,都快成年了,去过最远的地方是县城外婆家。

后来两个人就经常见面,一起聊天吃饭,在镇上闲逛。

有一天,韩静撒娇地说:"你带我见识世界好不好?"

唐鹏说:"你想干大事吗?想干大事的话我就带你去。"

韩静说:"我愿意。你去哪里,我就跟到哪里。"

韩静辍学了,跟着唐鹏一起去了广州。

三年后,韩静回到稻田镇,开了一家名叫静静的理发店。

吃完烧烤,我和唐鹏一边吹着炎热的风一边散步。

我们走到街头告别。我转身走出十几米后,听到唐鹏在身后叫我的名字,声音有些刺耳,我错愕地回过头看他。

他说:"哎,沙柳,去我出租屋里,陪我再喝两杯吧。"

我折转而回,跟着唐鹏一起去了他的出租屋。那是在龙岗区的一个破落巷子里,巷子里满是各种小吃摊。唐鹏的出租屋在四层,只有大约十平方米,只够刚刚放下一张小小的单人床,一张桌子,一个行李箱。我和唐鹏就继续挤在那小小的脏脏的出租屋里喝酒聊天。

"这几年,一个人在外,真孤单啊。"唐鹏感叹道。

"没有朋友吗?"

"一些狐朋狗友,哪里会有真朋友啊。"他摇摇头。

"一直住的是这种出租屋?"

"是啊,就这种房租也贵呀,还有水费电费什么的。本来工资也低,想多攒些。"

"你过得真不容易。"我说。

他叹了一口气。

我们默默地一人抽了一支烟。天已经很冷了,我全身瑟瑟发抖。我看唐鹏的床上只有一床薄薄的被子,真不知道这些年的冬天他是怎么过来的。

"我很想韩静啊,我很爱她,她也爱我。前几年,要不是她陪着我,我真不知道会孤单成什么样子。可是,我混成这人模狗样,根本就无法娶她啊。"

"她现在过得挺好的,你就好好在外面混吧。"我说。

"我要努力,多赚钱,多攒钱,以后好娶她。"

说完这些,他突然哭了起来。他趴在床上,大声地哭。这么多年的委屈,在一场酒后,在和我这个老朋友见面后,终于忍不住地喷薄而出。

## 5

2013年冬天,我回稻田镇过年,在镇上遇到了唐鹏他妈。她牵着一个两三岁的小女孩在购置年货。她一眼就认出了我,冲上来抓着我的手问:"你有我儿子的消息吗?他好几年都没有回来过年了,不知道他过得好不好?"

我看着她眼里的殷切,心里想到这个世界上没有什么比一个母亲期盼儿子归来的眼神更动人了。

我抓住唐鹏他妈的手,告诉她:"唐鹏啊,他时常和我有电话联系,他现在在深圳,过得很好,您不用担心。"

她旁边的小女孩用小手抓住我的右食指,带着哭腔对我说:"叔叔、叔叔,我要哥哥,我要哥哥……"

唐鹏他妈和妹妹走之后,我找了个角落擦眼角的眼泪。

我决定给唐鹏打个电话。

"你妈和你妹妹都很想你,你快回来吧。"我在电话里说。

"是吗？"

"嗯。"

电话那边沉默了一分钟左右之后，语气庄重地说："我是要干大事的人……"

我气愤地把手机摔在了雪地上。

也是在那个春节，我去了一趟静静理发店，准备去理个发，顺带见见韩静。我和她之前就认识，见过几次，但不算特别熟。

韩静正在给一个小孩理发。我站了一会儿，就找了张凳子坐下。韩静一直不和我说话，我也不知道该和她讲什么。

等小孩剪完头发离开后，韩静抬起头，突然对我说："沙柳，我可能要结婚了。"

"嗯。"我点点头，掩饰住自己内心的慌张，心里却翻江倒海般地难过。

"那，唐鹏呢？"我试着问。

"他？他又不回来。总是说要做大事，难道大事只能在外面做吗？你们男人是不是都这样想啊，大事大事的。难道自己爱的人，就不是大事？"

"他爱你，心里有你，他也过得很苦。"我听完后，想起来在深圳时和唐鹏的见面，只能说这些来安慰韩静。

韩静听完后，傻傻地站在原地。

"这次是相亲，爸妈安排的，最后我也只能同意。"隔了好一会儿，韩静说，然后叹了一口气。

我心里乱糟糟的，没了剪头发的心思，就和韩静说了一声，转身走了出去。

外面正在下一场很大的雪。风也很张狂，雪被吹得到处乱舞。我就那样心思散乱地回到了家。

没有想到的是，过了几天我在去亲戚家拜年的路上又遇到了韩静。

她把我拉到一边，悄悄对我说："那天你走后我想了很多。我想起来和他一起在广州的快乐生活，我也知道他很努力很拼命。我觉得呀，只要他爱我心里有我，这比什么都重要。我要等他，不管他是不是做成了大事，我都要等他回来。"

"那，亲事怎么办呢？"我苦涩地笑了笑，问道。

"我把亲事推掉了。只是可惜让我父母得罪了很多人，但我不后悔，因为对方不是我想嫁的那个人。我想嫁的那个人在远方，我不知道他什么时候回来，但我会等，我还年轻，不在乎多等几年。他一直说我不是干大事的人，希望我做的这一件事在他眼里算大事。"说着，韩静露出了笑容。

我默默地点头，不觉也笑了起来。

春节过完，在我临出发回北京的学校的时候，唐鹏他妈再次来到了我家，她一再地嘱咐我，只要有了唐鹏的消息一定要第一时间就告诉她！她眼里泛着泪光，抓着我的手，一副生怕我会甩开的样子。

"帮我告诉他，钱是应该挣，但有时间还是要回来看看的，不然一个人在外面多孤单。你和他说，我很想他，以前都是我的错，我知错了，只要他愿意回来，不管要我做什么都行。"她这样边说着，边开始哭了起来。

奶奶在旁边，听着也快哭了。

"母亲只是想见儿子而已，哪来的错呀。放心吧，我会转达他的。"我说。

在去北京的火车上,我给唐鹏打了很久的电话,把他妈和韩静的事情都和他说了。

我说:"其实你并非不幸福,也不是你没有发觉,只是你不愿意面对而已。好强了这么多年,也该放下了,不然最后为时光埋单的,依旧只是你一个人而已。"

我以为唐鹏又会说"我是要干大事的人",但他一直沉默地听我说完了所有的话。到最后,他静静地说了一句:"我知道了。"还没等我问他有何打算时,他就挂了电话。

## 6

不久之后,我接到唐鹏的电话。电话是从稻田镇打来的。他在电话里告诉了我很多事。

他从深圳回到了稻田镇。他跪在他妈面前磕了三个很响的头,边哭边磕,边磕边认错。

"妈,是我对不起你,是我不懂事,是我太任性了!"唐鹏带着哭腔。

"你回来就好啊,回来就好。"唐鹏他妈抚摸着他的头。

"妈,以后我们要好好生活,我要好好孝顺你。"唐鹏又磕了一个头。

"是妈应该好好照顾你呀,傻儿子。"

他们母子俩边说边哭。哭声大了,周围的邻居跑来看,也都感动得哭了。

"可怜天下父母心呀。"有人说。

"是唐鹏长大了,懂事了啊。"另外的人说。

"儿啊,你快起来,咱们回家啊,妈回家给你做好吃的。"

说着,唐鹏他妈把他搂了起来,两人互相扶持着,一步一步往家里走去。

之后,唐鹏去静静理发店找韩静,韩静正好在给一个客人洗头,手上沾着泡沫,她歪着头,肖然不动地看着唐鹏。

过了很久,她才说:"我就知道,我会等到你的。"

"你受委屈了。"唐鹏跑过去,一把抱住韩静。

正在洗头的客人不觉也笑了出来。唐鹏和韩静久久地抱着。

"嫁给我吧,静静。"唐鹏在韩静耳边说。

"嗯嗯,我要嫁给你!"韩静把唐鹏搂得更紧了。

"我真替你感到高兴啊,也替你妈和韩静感到高兴。"在电话里听完这一切,我不觉感叹起来。

"我现在才明白,所谓的干大事,并不是挣多少钱,开多好的车,住多大的房子,也不是争一口廉价的气,而是要对得起那些在意你的人,爱你的人。人要懂得感恩。我想通了,好好照顾我妈,娶韩静,这才是我一直该干的大事。"

# 每一场阴错阳差都是命中注定

文/米粒

## 1

在去位于曙光路的单位上班前,我就知道这里有一家超好吃的紫菜包饭。入职后,打扫完卫生,我连忙从新电脑上查到了订餐号码,口水哈喇地打了电话过去。

我眉飞色舞地说:"喂,你好,紫菜包饭。我要订一盒鳗鱼的。送到对面的宇飞大厦3层。"

对方"哦"了一声,有几分迟疑。

我想一定是太忙,人手不够懒得送上楼。作为一名吃货,唯有美食能让我卑躬屈膝尽折腰,于是我连忙用更柔和的语气说:"您要是忙,就送到楼下大厅,我下楼取,行吗?就在对面。谢谢您了,谢谢您了。"

他顿了两秒,说:"好吧。"

结果,我在楼下晃悠了二十分钟,他才拎着塑料袋,慌慌张张地跑过来。

"你们送餐这么慢啊?"我一边掏钱一边生气地埋怨道。

他局促地低下了头,红着脸嗫嚅着:"对不起,对不起,店里的客人太多。"我注意到他还穿着拖鞋,怯生生的一副高中生的模样,心想又粗鲁了,怪阿姨吓到了小盆友,连忙咧开嘴给了个大大的微笑:"没事,没事,我就是等得有点着急。你别见怪啊,快回店里帮忙吧。"

他恍然大悟地点了头,临走时回过头来问我:"您是在这里上班吗?"

"对的,我特爱吃你家的紫菜包饭,鳗鱼、金枪鱼、沙拉的我都爱吃,原味的也不错。对了,下次一定让老板给我打折啊!"我挥着手,一头扎进了电梯。

## Z

入职后,工作并不算顺利。常常加班,常常挨骂,也常常迷茫。不知道自己为什么放弃温暖舒适的故乡,北京的冬天"万箭穿心",冷到入骨,风可以从四面八方吹进你的五脏六腑。回到半地下的出租房,我连羽绒服都不敢脱。每一次妈妈打来电话,我都得裹着被子抱着暖宝,站在桌子上,努力靠近那半格露出地面的窗户。屋里的一切都是僵硬的,有时连笑一下都需要费些力气。妈妈问:"北京好吗?是你喜欢的那个样子吗?"我一边流着眼泪,一边点头,好像她能看见一样。

其实我并不确定我喜不喜欢北京，但我知道我喜欢和一大群人一起奔跑，我爱这种你争我夺的氛围，不想回到老家找个信用社终日盖戳，从第一天上班就能预知最后一天的工作。我喜欢正面迎接一切挑战，不怕哪一拳会将我击倒，在我的世界，有勇气出场比赢得比赛更重要。

年轻时不就应该在不断地打怪升级中磨炼自我吗？没有丰盈多彩的二十几岁，我怎么坐在摇椅上向我的孙子孙女炫耀，怎么度过人生那越来越灰暗落寞的黄昏，怎么欣慰地对自己说，这世界我来过？

写到这里，你一定能感觉到我是一个有深度有思想的吃货，是的，鸡汤和紫菜包饭是我的最爱。心累的时候随便打开一个公众号，里面都是元气十足的心灵鸡汤。嘴馋的时候，打开手机翻出常用电话里预存的紫菜包饭，就能美美地饱餐一顿。这是多么美妙的人生啊！而且这家店的售后服务超好。总发短信调查客户体验，今天的好吃不好吃，明天还要不要，晚上还加不加班。

有一天下午，我感冒了，提前回家休息，正瑟缩在被窝里捧着面巾纸左右开弓，紫菜包饭忽然发来短信，问我今天需不需要送餐。

我马上打了回去，用我那浑厚的中低音表达了我恍然大悟的赞叹。

"太神了，这是不是就是传说中的互联网大数据？你看现在购物网站推荐的都是你近期会买的东西，他们通过你以往的资料可以预判出你购买的物品及周期，你们这店这么小，怎么也能这么先进啊？"

对方显然被我搞晕了，愣在那边发呆了好几秒，然后缓缓地问："这么说，你需要？"

"当然了，不过我病了，吃了药不能吃海鲜。"我叹了口气。

"你病了？"传来的声音突然急促，我心里一紧。真好，在这座陌生的城市，在我最狼狈脆弱的时候，居然有餐厅主动送餐，还收到了对方真挚的关心和惦念。

"谢谢你，我只是感冒，就要最普通的紫菜包饭吧，不过送餐的地址变了。您送到宇飞大厦后面的沁水园小区8号楼2单元门口吧，我去取。"

"好的。马上到。"

不到十五分钟，他就来了。我把自己裹得跟熊似的，冲进了大风里。

"这次好快。"我边数钱边接过饭盒，"哇，你们有热力包了？"我发现他这次是骑车来的，车把上挂着一个崭新的热力包。多亏有了它，我的紫菜包饭还是暖的。

"谢谢你，我一定告诉你们老板，你服务周到，让他给你升职加薪。"我揣着饭盒往楼梯跑，突然停下来回头问，"对了，你叫什么名字？"

他跨上车，一只脚踏上踩板，俯下身子刚要发力，听见我的问题，忙直起身红着脸愣愣地看着我。

"害羞啊？那，告诉我工号也行啊。不然我怎么去你老板那儿表扬你？"

"噢，那，我叫大林。"

"大林？你也就18岁吧，姐姐我以后叫你小林，拜拜。"

风卷着沙子啪啪地打在身上,可怀里的这盒紫菜包饭超暖。

后来,没事的时候,我常和小林聊天。原来他今年高中毕业,考的大学不太理想,家人希望他先学英语,然后出国留学。我问他怎么跑去餐厅当外卖员,他笑了下,说就当是先体验一下国外打工的感觉吧。

慢慢地,我发现,我对小林有一种与生俱来的亲切感。年龄并没有给我们带来太多的代沟。对未来我们都有一种迷茫,努力奔跑又不知路在何方。小林说他其实不想出国,不想离开舒适温暖的故乡。我大笑着说,你看我,我不就是这样,孤身一人在北京漂泊,住最便宜的房子,吃最简便的食物。也苦也累,但这就是我们本来该有的热血青春。

夜幕四合,我们坐在天桥上,对着璨如繁星的车流大喊:"我要成为更好的自己!"小林的眼里闪着泪光,他说:"家里人都逼我,可是我听不进去,但你说的话我记在心里了。"

## 3

就这样,小林的紫菜包饭陪我度过了那年最冷的日子。春暖花开的时候,一个陌生女人敲开了我的房门。

那是一个眼里透着清冷的中年妇女,很高很瘦,礼貌地叫出了我的名字。

我说:"您是谁?"

她环视了我的房间,又打量了一下我,慢慢地开了口:"我是肖磊的妈妈。"

"肖磊是谁？我不认识。"我看到她眼里的不友善，本能地要关门谢客。她一把拦住我的手，直愣愣地盯着我的眼睛，大声说："你不认识？他给你送了一冬天的饭，你说你不认识？"

我当时就蒙了："你说的是小林？"

"小林？他告诉你他叫小林？真可笑。他是我儿子，他叫肖磊。他马上要出国了，请你以后别再给他打电话让他给你送饭。"

我听了更气愤了。我说："我没让他给我送饭，我打的是订餐电话，您不愿意可以让他别去打工。"

她听完也生气了："谁告诉你肖磊在餐厅打工？他根本就没干过什么外卖！一开始我就觉得他奇怪，老是一到饭点儿就盯着手机，一接电话就跑出去，还偷偷去买了个热力包。但我工作太忙，没放在心上，就觉得他是贪玩，要不就是找同学去了。可最近，我发现他居然一接电话就去路口那家紫菜包饭排队买饭，买完了就匆匆忙忙地放到热力包里给你送去。你有手有脚，不会自己订餐吗？你捉弄傻小子呢？"

我当时大脑一片空白，往日里的一幕一幕像潮水般袭来。原来，他不是外卖员，原来他不叫大林，原来这一切都是个谎言。

等我清醒过来，肖磊的妈妈已不知所终。华灯初上，我一个人默默地向餐厅走去。春寒料峭，几棵干枯的迎春花在风里萎靡不振瑟瑟发抖。

紫菜包饭的招牌在街口特别显眼，一亮一暗眨着眼。我翻出了手机，打开目录，我终于看清了，紫菜包饭的送餐电话尾号是6，而我一直打的肖磊的电话尾号是9。他妈妈说得对，原来我一直打的紫菜包饭订餐电话居然是肖磊的手机。

在店里，我见到了真的大林，他是这里的老板，四十多岁，虎背熊腰，满脸络腮，但笑起来很有暖意。原来，一直给我送饭的那个男孩，真的不叫大林，他也根本不是什么外卖员。

我一个人站到风里，脑海里一片空白，不知该往哪边走。身旁的车一辆一辆呼啸而过，我想和小林说句话，我想问问他，这一切都是为什么。

忽然，我的手机响了，号码还是显示紫菜包饭，里面传来肖磊欢快的声音："怎么样，今天想吃点什么？"

我的喉咙哽得生疼，一大滴泪啪地落在了地上，我吸着鼻子说："鳗鱼的吧。"

"好嘞，一会你家见啊。"肖磊欢喜地挂了电话。

没过多久，我就看见小区里蹿出一个人，骑着车风风火火地向这边赶来。

我和肖磊终于见了面。黄昏的路灯下他像被人一脚踩中尾巴，满脸的尴尬。

我看着他清澈的眼眸，努力平复着情绪："原来，我第一次打的号码和后来存的号码都是错的。原来你并不是这里的送餐员。原来你的名字不是小林。原来这一切，都是阴错阳差。

"可是我不明白，你为什么要一直骗我，为什么这么辛苦地跑来跑去？你其实只用说一句你打错了，这里不是紫菜包饭。那后面所有的一切就不会发生。"

"可是我想让它发生！"肖磊停好车，激动地冲过来，"对不起，对不起，我不是有意骗你。因为那天中午，我心情特别不好，我不知道高考为什么会失利，我不知道出国是不是一定就好，我对未来充满了怀疑和迷茫。可是就在那个中午，我听到了这世界上最阳光最爽朗的声音：喂，你好，紫菜包饭。我觉得说这话的人一定是这个世界上最快乐最幸福的人。我只是好奇，我就是想出来见一见这样的你。"

"那后来呢，后来你也可以告诉我真相啊。"

"后来，我见到了你的坚强，你的勇敢，你的热血，这让我特别惭愧。你一个女孩子都能披荆斩棘地勇闯北京，我身为男子汉还有什么可怕的？我会出国，会好好学习，会像你一样为梦想而战，会永远相信奋斗的意义。"肖磊说着一把握住了我的肩膀。

还有什么误会比这个更美好的吗？有一个知我懂我的人同行。我对自己说，一切都是最好的安排，如果上天一定要在我的生活里加进一段奇幻的插曲，那为什么不欣然接受呢？我说恭喜你，做姐姐的没什么可送你的，但这一腔孤勇也算是让你受了些启发。今日一别山高水长，愿你终能成为最想成为的自己。

肖磊伸出手拦住了我，他说："其实我一直想给你唱一首歌，你能听我为你唱一首歌吗？"

我点了点头。风把一切都吹得凌乱不堪，但肖磊唱的每一个字都径直抵达我心底。

> 沮丧时总会明显感到孤独的重量
> 多渴望懂得的人给些温暖，借个肩膀

很高兴一路上我们的默契那么长
穿过风,又绕个弯,心还连着,像往常一样
最初的梦想紧握在手上
最想要去的地方
怎么能在半路就返航

## 4

转眼,肖磊走了大半年。

经常在朋友圈里看到他的消息,语言预科通过了,换房东了,考试全 A 了。每一个下面,我都认真地评论点赞。

我升职加薪,学拉丁舞了,报第二外语了,他也随时关注,还不远万里给我寄来厚厚的原版法语书。

无论多忙,我们隔三岔五就会抽时间视频,看看彼此的模样,闲言碎语几句家常。我知道此刻,我和肖磊的距离是无穷大:我们的年龄间隔 4 岁,身高相差 30 厘米,位置相距 4000 公里,时差高达 15 个小时。但我们的相同点更多:我们是追梦的同路人,曾结伴走过青春的彷徨和迷茫,我们相信温暖,相信梦想,相信奋斗的力量,相信终有一天我们会为了彼此成为最好的自己。

那天清晨,手机吵个不停。我迷迷糊糊地接通,从里面传来了这世上最阳光最爽朗的声音:"喂,快开门,你的紫菜包饭回来了。"

热闹喧嚣的城市,川流不息的人群,莫名其妙的电话,纷繁多样的美食,若是无缘,我们会走失在任何一个不经意的环节，成为擦肩而过的陌路人，一辈子不可能相识。难怪有人写道，所有的相逢都是蓄谋已久。其实我更想说，每一场阴差阳错都是命中注定！

# 我能遇见你，已经很不可思议了

文／丁麟

## 1

苏飞觉得自己必须离开这个城市了。

空气越来越脏，交通越来越堵……但苏飞觉得这些都和自己没关系，管他PM2.5还是5.2，难道我还真戴个防毒面具不成？

苏飞站在办公楼的窗前，看着两百米外就开始变得迷蒙的城市，然后点着一支烟。

相比起城市环境的好坏，苏飞更关心一些切实的问题。

吸入PM2.5苏飞不会挂掉，但是明天再不发工资，苏飞就得饿着。

生活压力越来越大了，最近房东老太太总在唠叨个不停,大意是,再拖延房租的话,就从这个院子搬出去。苏飞他爹也总在电话里啰唆,大意是说要苏飞过年前带个女朋友回去。

早上没来得及洗脸,加上两个黑眼圈和大眼袋,使苏飞整个人看起来就像是刚从稻草堆里爬出来的老母鸡。

如果有人靠近苏飞三尺之内,便会感受到苏飞散发出来的满满负能量,能让接近者瞬间从精神亢奋变得萎靡不振,用同事的话说,能毒死人。

另一个同事说,苏飞身上的负能量的威力堪比永州异蛇,触者尽死。

等到手中的烟抽完的时候,苏飞已经做出一个重大的决定,然后苏飞将烟头随意丢在地上,一脚踩灭,走回办公室。

## Z

苏飞决定来一场说走就走的旅行。

其实苏飞很烦"一场说走就走的旅行"这个说法,总觉得是一帮不缺钱的人吃饱了撑的。

但苏飞依旧决定来这么一次,如果再不走,苏飞担心自己会不小心把办公室烧掉。

当苏飞向老板表达出需要休息几天的意愿之后,老板的态度出奇地好,甚至可以称为和颜悦色,并且痛快地让苏飞先从财务那里支取两千块工资,看来他也已经意识到将苏飞继续留在办公室后果并不理想。

苏飞站在火车站前,看着人山人海的人群,想着自己也要加入其中，就不由得有些泄气。苏飞去了售票处，排在队伍的末端。

苏飞还没决定好去哪儿，但既然是一场说走就走的旅行，那就索性漫无目的一些。于是等待的过程中，苏飞抬头看起悬挂在上方显示着车次目的地的巨大的LED屏幕来。

巨大的LED屏幕上滚动显示着各个地方的地名，苏飞目光上下扫动，同时掂量着自己口袋里的两千块能够去哪儿。

大连……青岛……

苏飞一直想去看看大海，三亚、海口之类的是想都不敢想了，大连、青岛其实也不错。但是一会儿苏飞就放弃了，原因是这两个地方来回坐普快硬座，也会消耗掉他一千多块钱，何况去了还要吃住，口袋里的两千明显预算不够。

杭州、武当山、九寨沟、成都……一个个地名从计划中划去，苏飞渐渐变得烦躁起来。

叮……

"在忙什么呢？"

是一个头像看上去乖巧精灵的女孩发来的微信信息，苏飞的脸色瞬间变得温柔起来，嘴角泛起和煦的笑容。对比起苏飞刚才的状态，这笑容简直像是回光返照。

苏飞把之前跟女孩的聊天信息翻动着看了一遍，又把女孩的头像点击放大，深情注视，其间一直满含笑容，眼波中流转无限柔情。

女孩有个好听的英文昵称叫Flora，苏飞专门百度查过，是花神弗洛拉的名字。

## 3

苏飞跟 Flora 是两个月前在豆瓣上认识的。Flora 是一个很文艺的女孩子,经常在豆瓣上分享自己的一些心情,写一些小文章,有时候还会配上一张可爱的自拍,是那种标准的豆瓣文艺小清新风格的女孩。

Flora 在豆瓣有着不少的关注者,却也没有达到那种"红人"的级别,而苏飞是一名图书编辑,主要做一些豆瓣红人的随笔文集,在为一本情感故事合集书约稿的时候认识了 Flora。

两人一开始只是因为合作关系聊几句,后来渐渐变得熟络,话题也更加广泛并且深入起来。

聊一起看过的书和电影,聊豆瓣小组里的各种八卦,聊各自的情史和前任,聊到兴起的时候还会聊一些两性私密话题。有时候也会约好一起看同一部剧,一边看一边吐槽。

自从认识 Flora 以后,苏飞觉得自己在一点点被改变着。

以前苏飞是个愤青,每天都在微博上痛斥社会的不公,人心的堕落,平日里也总是眉头紧锁,指间夹着一支烟,脸上是长期熬夜带来的油腻和粉刺,一副忧国忧民的样子。

苏飞是个宅男,但是跟普遍意义上的宅男并不同。苏飞不玩游戏不看动漫,对于二次元的世界并不沉迷,甚至他也不怎么在网上聊天,也不看网上女主播们的真人秀表演。他只是不喜欢出门,也不逛街,闲暇时间都在家里发呆或者睡觉。

苏飞把自己宅的原因归结于没钱。出去一趟哪儿不得花钱啊,总不能出去不吃不喝不玩光低着头轧马路吧。

至于恋爱，那是更不能谈了，现在又不是穷学生时代，在校园或者公园里散散步，草坪上坐着聊聊天就能把恋爱谈了。

现在谈恋爱你得请人家吃大餐吧，得逛商场吧，这都是钱哪！

所以苏飞心安理得地宅着，有时候也会在发呆的时候幻想一下自己突然得到一笔横财什么的，搞个大别墅，前面停着保时捷小跑车后面拴着大金毛，阳台上展览着一袭白衣的女神……

Flora的出现改变了这一切。Flora简直是作为苏飞的反面而存在的，她对一切都充满好奇心，喜欢新奇新鲜的事物，思维活跃，有些神秘和难以捉摸。

有时候Flora会拖着苏飞认真研究半天星座，并且对于苏飞无法提供准确的血型表示遗憾，这使得她的研究无法更加精确，有时候又会在半夜找苏飞一起研究人的灵魂问题，而当苏飞认真地开始研究这些神秘的玩意儿的时候，她已经把兴趣转向了某款香水或者口红了。

苏飞从来没有遇到这样新鲜好玩的女孩。过去苏飞接触的女孩子总会先问他，哪里人？做什么工作？工资多少？有没有房子？这样的女孩让苏飞感到丧气或者愤怒，丧气是遇到这样问他的漂亮女孩，他觉得自己一个条件都满足不了，愤怒是遇到那种不漂亮的女孩这样问，苏飞会觉得就凭你也敢要这要那的。

Flora不会这样，她只会跟苏飞谈梦想谈远方谈八卦，总是能带给苏飞新鲜感，让苏飞觉得原来生活还可以这样子的，还有这么多好玩的事情,同时心底潜藏很久的对于爱情的渴望也开始蠢蠢欲动。

# 4

苏飞突然眉头一挑,狠狠在自己大腿上拍了一巴掌,然而脸上却是按捺不住的欣喜和恍然大悟,他飞快地在手机上输入一行字:"我在去北京的路上!"

发送完毕后,苏飞仰起脸深呼一口气,他突然明白了自己这些天为什么会这样躁动不安,他也明白了自己根本不是想来场漫无目的的旅行。其实在他的内心深处,方向和目的早已确定。

Flora 在北京。

鼓楼的炒肝、簋街的烤串、南锣鼓巷的小店、后海的酒吧……这些在苏飞的脑海里已经想了好多遍,因为 Flora 跟他说了好多遍。

Flora 总是说,你来北京,我带你去玩啊!

苏飞很宅,还没有去过距离他所在城市不算远的北京。

消息发出以后,苏飞又陷入了纠结之中,不知道这样会不会有点唐突,万一 Flora 不愿意见他该怎么办?

好在苏飞没有纠结太久,手机的消息提示声很快响起。

"你们天秤座居然也有这样勇猛的时候嘛!你要真来,姐姐全程陪你玩!"

苏飞的心就开始火热起来了。

"去哪里?"

一个冷冰冰的女声打断了苏飞的遐想，抬头一看，不知不觉中，排在自己前面的长队已经消失，已经到达了售票窗口。穿着制服的女售票员正不满地瞪着一脸痴呆笑容的苏飞，排在后面的一个大口喘着气的黑大胖子也正不满地对苏飞怒目而视。

苏飞自知理亏，手忙脚乱地掏出身份证件递进去，说要一张最快的去北京的票。

高铁以三百公里的时速飞驰在华北平原上，车窗外望不到边的农田消失在视野的尽头。

一路上Flora的信息不时发过来，指点苏飞如何在手机上预订酒店，规划接下来几天的行程。

当列车在北京西站缓缓停下的时候，苏飞觉得如梦似幻，几个小时前，他还在汹涌的人流中烦躁得不得了，而此时此刻他已经满怀期待，在这车站之外，有一个美好的女孩子在等着他。

苏飞突然紧张起来，对着手机屏幕又拨弄了一番头发，上下检查了一遍自己的着装，确保不会发生诸如裤子拉链没拉上这样的影响形象的事情。

其实苏飞生得面目清秀，要不是宅的生活使得整个人略显萎靡，也能跨入帅哥的行列。而在出发前，苏飞也精心将自己的面目收拾了一下，换了几件看着精神的衣服，现在想来真是英明之举。

苏飞一边随汹涌的人流往出站口走去，一边左顾右盼，好像Flora会突然在人流中出现似的。

通过出站检票口之后，苏飞一眼看到了那个在人群中左右寻觅的高挑女孩，苏飞深吸一口气，向着女孩走了过去。

当两人距离五步左右的时候，女孩发现了苏飞，大眼睛上荡漾开笑意，对着苏飞招了招手，迎了上来。

苏飞走过来的时候还信心十足，此时却有些手足无措，有些局促地对着走来的女孩伸出手说："你好，我是苏子。"

苏子是苏飞的豆瓣ID，微信也是用这个昵称，两人一直在网上交流，习惯了用网络昵称。

女孩伸手跟苏飞握了一下，嘻嘻一笑："我叫方落，你可以叫我落落。"

"啊，呃，那个，我叫苏飞，你可以叫我……"苏飞本来想学方落说，你可以叫我飞飞的，话到嘴边又觉得不妥，生生刹住，不禁有些发窘。

"哈哈哈，你太逗了，我要叫你飞飞吗？我养的二哈就叫飞飞呢！"方落笑弯了腰。

方落穿着利落的黑色短裙，黑色的裤袜勾勒出修长的双腿，小脸大眼睛，笑起来的时候嘴翘向一边，带着一点俏皮。

不管有心还是无意，总之有了一个比较欢乐的开场，两人随意地聊着天往外走。

"你还没吃饭吧？我带你去吃炒肝好不好？"

"好啊，听你安排。"

"吃完炒肝我们去逛南锣鼓巷，那边有一家特好吃的奶酪店，带你去尝尝……你喜欢吃奶酪吧？"

苏飞拼命点着头，虽然他不是一个吃货，对于奶酪也没有什么特别的爱好。

"哎呀，不行，你累了一路我们还是先去酒店放下行李再说，反正酒店就在那边附近。"

……

酒店是方落选的，距离南锣鼓巷不远，外面看着有点古意。

苏飞向前台报上自己的姓名和手机号，前台的姑娘熟练地输入，核实信息之后抬头问道："请问您几位入住？"

"两位。"当苏飞还在踌躇的时候，方落已经从包里取出自己的身份证递了过去。

苏飞的心狂跳，努力不动声色，点点头，把自己的身份证也递过去。

"说好全程陪你玩，就一定会做到。"方落嘴角翘起看着苏飞，眼睛清澈明亮。

## 5

他们去鼓楼吃了炒肝，这里的炒肝勾着厚厚的芡粉，跟苏飞家乡的炒肝味道并不同，其实苏飞并不觉得特别好吃，然而当方落满怀期待地看着他的时候，他还是很大口地吃着，并且赞叹味道真好。

他们去了南锣鼓巷，看那些古色古香的街道与小巷，看那些好看时尚的女孩子，看情侣们相挽着手走过街头，他们在每一个小店之中逗留，买那些好玩的小饰品，吃了奶酪店的奶酪，不时被卖花的大妈尾随。

他们乘着地铁穿越半个城市去海淀区的华星 UME 看电影。那时候《心花路放》正在热映，两个人开怀大笑，不知道什么时候方落的头已经轻轻地靠在苏飞肩头，好闻的发香钻入苏飞的鼻子,让他的呼吸急促,心跳加速。

电影里黄渤唱道:

> 是不是对生活不太满意
> 很久没有笑过又不知为何
> 既然不快乐又不喜欢这里
> 不如一路向西去大理
> 路程有点波折空气有点稀薄
> 景色越辽阔 心里越寂寞
> 不知道谁在何处等待
> 不知道后来的后来
> 谁的头顶上没有灰尘
> 谁的肩上没有过齿痕
> 也许爱情就在洱海边等着
> 也许故事正在发生着

感受着自己肩头靠着的女孩身上传来的淡淡体温,苏飞觉得自己就像是一路向西去大理去摆脱痛苦和寻找爱情的黄渤和徐铮一样。在出发之前,他觉得一点都不快乐,也不喜欢那座待了多年的城市,而现在他觉得自己终于找到了此行的目的和意义,遇到了自己生命之中所渴望的那个人。

从电影院出来的时候,他们的手自然地牵在一起。他们在附近逛街,去方落说了很多次的寿司店吃寿司。一直到天黑以后,他们又穿越半个城市回到出发的地方,然后去了后海边。

后海上倒映着两岸的灯火,波光粼粼,有花灯船在水面上飘荡。到处都是歌声,汪峰在这里大受欢迎,随处可以听到《北京北京》或者《存在》《生来彷徨》。他们看到一个客人都没有的酒吧里,年轻的男孩独自认真地演唱着张学友的《情书》。他们透过玻璃橱窗,看着跳钢管舞的女孩把自己柔软的身躯任意扭曲,上下旋转飞舞。他们找了一个客人不多放着民谣的酒吧坐下来,喝着威士忌聊天,诉说着彼此的过往和对未来的向往。

第二天他们去了故宫,两人租了皇帝装和后妃装穿着疯狂拍照,去看了"甄嬛娘娘"的住处。苏飞说,要是能穿越,他不喜欢做皇帝,宁愿做个无所事事安享太平富贵的果郡王。方落说,她要穿越回去成为超有范儿的华妃娘娘。

从神武门出来,他们又坐着人力车去看北京的胡同,听人力车师傅讲"门当户对"的典故。之后他们便在附近漫无目的地闲逛轧马路。

在穿过一座天桥的时候,苏飞停下来,转过身面对着方落:"落落,我们在一起吧。"

尽管苏飞觉得他们已经"在一起"了,但还应该来一个正式的表白,他热切地看着方落。

没有风,他们的脚下是雾霾的北京,方落的眼睛依旧清澈好看。

"苏飞,你真的喜欢我吗?"

"喜欢啊!"

"可是我们才刚认识诶!"

苏飞沉默了,脸上是无法掩饰的惊慌,他不明白为什么方落会这样说。

"落落,我是认真的,如果不是真的喜欢你,我不会跑到北京的,我想好了,回去我就辞职来北京,反正我也是做编辑的,在北京认识很多圈子里的人,找工作还是很容易的。"

"可是你现在喜欢我,那么几个月后呢,一年后呢,你能一直喜欢下去吗?"方落的眼神暗了下去,目光转向一边看着远处雾霾中的北京。

"当然能啊,一年,十年,一辈子,我都会喜欢你的!"苏飞大声地做着保证。

"对不起,尽管这样说会很伤害你,但是我真的还没有准备好我们在一起,希望你能理解。"

方落转过头来看着苏飞,眼神重新亮起来,只是这眼睛让苏飞觉得看不透。

苏飞想问为什么,张了张嘴,没有发出声音。

方落走近挽住苏飞的手臂,轻轻地说:"别问为什么了好吗?你回家去吧,如果有缘我们终究还是会在一起的,你就当我们是暂时的分开。"

感受着方落手臂上传来的温度,苏飞的心又变得柔软起来,可是他依旧觉得不安,像是落入了一片汪洋之中。

## 6

他们一起回酒店,一路上方落紧紧挽着苏飞的手臂。然后他们收拾行李离开,找了最近的小酒吧坐着,不说话,只是点了两杯鸡尾酒静静地坐着。

一直到天色将黑，方落才把苏飞拉起来，说，你再不走就赶不上火车啦！

落落，让我送你回去吧，苏飞请求着。

方落很坚定地摇了摇头，站起身来往外走去。

他们往地铁站走去，路边一家小店的音响很大声地放着李圣杰的《手放开》。

他们在地铁站里分别，苏飞看着方落踏上回家的地铁，列车呼啸而去，带起的风穿过汹涌的人潮。

半个月后，苏飞带着行李再次出现在北京。这次来车站接他的是一个在群里认识的图书编辑。

苏飞已经跟北京的一家文化公司谈妥，随时可以去上班，暂时寄居在来接他的那个编辑家里。

苏飞再没有见到过方落，只是有一次收到一条信息，方落说，那天走过街头，突然想起你的侧脸了。

此外再无音信，无论苏飞怎么说，都无法收到方落的回应。

苏飞有时候会去那些他们曾经走过的街道和小店，希望能够与方落不期而遇。

圣诞节的时候，苏飞看到方落的豆瓣更新，发出一束巨大的玫瑰花的照片，大概是999朵吧，还有方落一脸幸福地依偎在一个男生怀里的照片。

# 7

苏飞戒了烟，不再总是宅着，不跟人在网上论战，看书、跑步、看电影、户外徒步，像个真正的文艺青年。

一年过去了,苏飞还是一个人,对于感情,他并不着急,如果没有合适的人出现,他觉得就这样也挺好的。

偶尔想起那个生命中曾经出现过的女孩,苏飞想到一句话:我能遇见你,已经很不可思议了。

# 人生这么辽阔,不要只活在爱恨里

文／瑞卡斯Ricas

## 1

时隔四年,杨宛得再与陈禾超相见,她才彻悟到一切终究是不复往昔了。

此刻这个男人的脸已愈发刚毅,退去了多年前的稚气,头发也留长并有了鬓角,说话方式相较从前也明显变得从容和沉稳了许多,如今禾超的成熟倒让宛得感觉有几许生分。

他们两人这些年一个在南,一个在北。由于地理位置相隔遥远,两人甚少相见,最初的头一年里,熟络的两人时常通过QQ视频来言诉彼此零星的生活。宛得以为,有些情谊,虽会因为距离而变得冷疏,但他们之间的情谊则会因距离而变得更加珍贵和难得。宛得也曾以为只要她愿意等,那么,他们之间的关系就不会只止步于朋友的界限。

可"以为"这个词从来就是一个伪命题，本就充满着无尽的变数与幻想。

之后的两年里，禾超在海外的事业如愿得到了顺遂且稳固的发展，由于公司不断扩大业务而随之变得忙碌起来，宛得则囿于一座热带城市里独身过着朝九晚五、日复一日的生活。在似水的光阴面前，曾无话不谈、推心置腹的两人也无可幸免地被岁月所拉扯，所涂抹，日渐变得淡漠和疏远起来。

如今再取得联系的缘由，则是因为禾超这名曾让宛得盛烈喜爱过的男子而今总算觅得了相伴的良人，这番回国也是为了婚礼而来。这也昭示着，她这些年的默默等待终究是错付了。

## Z

三年前，宛得在机场送别禾超。夕阳西沉的余晖霞景还散发着令人迷醉的光亮，照亮了往日里许多平凡琐碎的细节，那些带着几许青涩、莽撞却不失真诚的旧时光顿时破土翻新般蔓延在了宛得的心头。

她依然清晰地记得，新生入学那天，热辣的艳阳高照在穹顶，肆意地灼热着这片土地，校园广场上一片人声鼎沸，景象很是热闹，和自己一样的莘莘学子们怀揣着满心的热忱和期盼，将在这片崭新的小天地中开启属于各自人生的大门。

宛得出身于一个常年雨水丰沛、空气潮湿、群山环绕的小城镇，在这里度过了五年简易清欢的童年，直至父母在她5

岁那年不幸丧生于一次惨烈的车祸后，原本幸福和乐的家庭在一夕之间分崩瓦解。此后她被年老的外婆接去亲自抚养，那时由于经济清贫，外婆又勤俭节约，固守本分，她常跟着外婆风雨无阻地在垃圾堆里拾捡可回收卖钱的塑料瓶子，虽然那时的生活中时常弥漫着一股股酸臭的气息，但外婆对她的恩泽与不计回报的好，却教会了她，做人要感恩知足，更要谦逊自知。

两年之后，随着外婆因突发心力衰竭骤然去世，常年在外务工，对外婆置若罔闻的舅舅和姨妈们才赶回了家中"尽孝"。

外婆离世之时正值深秋，街道两旁的树叶几乎枯黄凋萎，像是对死亡的一种昭示。一众亲戚从一阵阵喧嚣的哀号哭泣中置办了丧事，就像是上演了一场戏码。宛得忘不了那时的出殡队伍，腰鼓队以及花圈大挽联。当时那样的阵仗让她觉得很是诡异，她心想，为什么人都离世了还要搞那么多做给活人看的排场呢？后来她才慢慢懂得，有些东西真的只是做与外人看的，其实私底下亲戚们还会因为"谁才应该出更多的钱"来置办丧事而争执不休，之后又因"哪家分到的丧礼钱多或少"而大动干戈，丝毫不顾血缘情分。

他们那般在丧礼上故作悲恸的哭泣，还有那做给旁人看的丧事排场，以及之后为争丧礼钱而不顾血缘情分撕破脸大打出手的闹剧，前前后后形成了巨大的反差，这让年少的宛得从小便体味了人情的索然无味。最令她觉得愤懑不平且深感鄙夷的是，为什么在外婆最需要儿女相伴的时刻，这些所谓前来"尽孝"的儿女都无踪影呢？如今，他们又凭何要借已逝之人的伪善名义来博取最后的钱财恩惠？

外婆的去世虽然于宛得而言是一次沉痛难言的失去，但她从头至尾都没有哭，她坚信外婆只是去往了另一方喜乐的天地里安度着她的人生，她也永远都无法忘却外婆在弥留之际躺在病床上拉着她的手说的那句："外婆走了，你要保护好自己，好好过自己的人生。"

每当夜深人静疏忽而至的伤痛感蔓延在宛得心底的时候，宛得便想起外婆的音容笑貌和种种往事，她克制住内心的悲痛，告诉自己要坚强。至少要像外婆那样，即使没有他人的爱护关照，一样可以活得有尊严，有底气。

她亦觉得，悲伤的表达形式不止一种，号啕大哭是剧烈的挣扎和宣泄，而举重若轻把悲痛藏在心底则是比较含蓄隐晦的存在，这种存在才能得以保留，得以长存；而不是哭一哭，再用衣袖擦一擦就完事的那般虚伪。所以无论日后她的生活过得有多么艰难困苦，她都不会轻易掉任何一滴泪。生活迫使着她默认了现实里那些难以预料的无常和猝不及防的无情剥夺，她从不因为那些至亲的逝去而觉人生无望，反而从中收获裨益，学会察言观色，隐忍自持，即便身心千疮百孔，即便现实阴霾密布，她都告诉自己，要保持着一颗清澈而笃定的内心，去追寻自己的人生。

外婆去世之后，她便被辗转寄养到了各个亲戚家中。本就视亲情血缘为草芥的亲戚自然对待宛得不会太仁慈和善，惯以把宛得当作粗粝的用人来使唤，她几乎包揽了亲戚们所有大大小小的繁杂琐事，从做饭、打扫到忍受冷言冷语，这种自幼寄人篱下的冷寂感及不安定因素迫使她的成长轨迹掺杂着无数的灰暗与孤独，而正是这种源于生活中的无情力量才催促着她要学会比同龄人更迅疾地成长,才能快速地冲破桎梏,逃离这种命运。

她把所有的怨怼与不甘化作努力的动力,她一边在餐馆里打工,一边操持家中琐事,又一边奋力学习书本知识,尽量不落下任何一个可以改变命运的契机。终于她用坚持不懈的努力考取了一所坐落于省会的大学,开始迈入了她人生的新阶段。在离开那座成长的小城镇的前夕,她在父母和外婆的墓碑前立定心意,发誓定会将自己的人生理清方向,驶向正轨,若以后无所作为,或是没能靠自己的双手安定下来就绝无脸面再回来看望他们。在驶离这座城镇的车厢中,晚风拂过她的脸颊,眼神里透露着清冷的决绝,内心不带一丝留恋地,挣脱束缚般地带着她对人生的信仰去往了远方。

因为从小的境遇使得宛得自小性格克敛甚至有些孤僻,不善交际的她在大学之前都鲜有朋友,而她对友情又怀有太鲜明的宁缺毋滥的态度,偏执于保持人际关系中必需的节制与清洁。她一直认为,如果无法邂逅一份真挚深厚的情谊,哪怕落得形单影只也无妨。而禾超的出现,却担起了这份宛得期盼已久的真挚与厚重,并引领着她的内心朝更开阔向上的路途前往。

宛得虽不善言辞,却善于在网络上大段大段地码字,将心绪所感都写成了短篇故事,许多故事也刊登在了学校每月一刊的杂志中,还设立了自己的专栏,在校园里乃至一些文艺类网站上都算是个颇有名气的写手,因此得到了一次次大大小小的褒奖。大一的时候就有一些图书经纪公司有意要签她为旗下作者,可她总觉时机尚未成熟,而屡屡婉拒。其次,她为人处世又很低调，从不愿凭借自己在文字方面的那几分才气而骄傲自负，只愿在作者简介中留下自己的邮箱地址，用于和一些读者交流对话。而禾超恰巧便是悉心看过宛得写的故事的读者之一。他陆续给宛得寄了很多封电子邮件，除了会谈及自己在生活里的各种趣事以外，还会在写作上给予宛得一些良好诚恳的建议，两人就此通过邮件的形式相聊甚欢了半年。半年之后，禾超也终于在那个炎炎夏日里第一次向宛得提出了见面。

　　两人初见时都还带着几分紧张与羞赧。宛得身穿白衬衫，牛仔热裤，搭配一双米色高跟鞋，腿显得很是修长，是个懂得穿着打扮的女生，即使全身衣物都淘自于便宜的夜市地摊也能搭配出好看且独特的风格。她迎面朝对面这个剪了一头圆寸，五官俊朗，眼神深邃的男生笑着示好，露出了她那洁白的皓齿。夏风吹起她那过肩的黑发，露出线条优美的颈项和清晰可见的锁骨，有一种植物般韧性生长的美感。她对他温柔地说："你好，我是宛得。"禾超则像个红着脸的害羞小孩似的挠了挠后脑勺说："偶像好。"

　　幸而他们对彼此的真实印象都没有落差，一见面话匣子就打开，闲聊了许多事，总感觉有说不完的话，而禾超在宛得眼里向来也是个"头发短但见识长"的少年，总是能道出许多乐闻喜事，把平素不爱笑的宛得逗得哈哈大笑。他们两人此后就以朋友的关系相伴了彼此多年，在之后相处的日子里，禾超也常笑称自己是宛得的忠实粉丝。

　　无论日后时光辗转过几个夏季，那个艳阳下的宛得都是她最年轻无畏，也是最美的时刻，仿若自带光亮的微小星球，有着让人为之探索的欲望。从前她不信"只有遇到了你才是我最美的年华"这句话，可当她遇到禾超的时候，她才深感其意。

而他们两人恰巧都是天蝎座，个性中几近契合的特质使得他们之间的志趣很是相投。独立坦率，不拘小节，顽倔的表面之下却都有一颗柔软纤细的内心。在择友方面有着相同的看法，都坚守"宁缺毋滥"的规则，所以两人有着共同的朋友圈子。

他们二人共同的好友惠子是个性情直率、大大咧咧的双鱼座女生，也是出生在大城市的"省城姑娘"，她有着一头染得金黄如同海藻般的长卷发，肌肤白皙光嫩，个子虽不高，身材却很匀称，炯炯有神的大眼睛是她五官的标志。以禾超的话来说，惠子就是那种一看就是个娇生惯养的大小姐，而她那泼辣外放的性格也与宛得形成了鲜明的对比。但宛得与惠子之间各异的性情却并不妨碍她们两人的融洽相处，反而有着一种难以言喻的情感牵引着她们二人在往后的日子依然甜腻如初，是一对真正意义上，难得不攀比的女性好闺密。惠子时常与学校篮球社团的一票"高大威猛"的男生打成一片，因此，在大学校园这个小社会里，常被一些擅长妒忌、热爱八卦的女生视为"假想敌"，自然惠子的女生朋友就很匮乏，而宛得又正巧不善妒忌，性格温良，所以在惠子眼中，宛得是个珍贵如至宝的存在。惠子虽只比宛得年长几个月，情史却很是丰富，从来都不缺恋爱对象，但鲜少有稳定之交，与大多男子之间的情感交集都是匆匆就散的速食恋爱，她也总是自嘲，自己是个经常招惹烂桃花却又不甘寂寞的"情场老手"。

  作为宛得室友兼好友的惠子也算是见证了宛得与禾超两人相识的过程,也在"当局者迷,旁观者清"中扮演了旁观者的角色,她其实早已察觉了宛得对禾超那日渐深厚的情谊,因此时常为宛得而备感着急地说:"你们俩到底啥时候在一起啊,这么般配的俩人要是再不在一起,以后可得后悔了呀,你就向那个榆木脑袋男开个口,他准能屁颠屁颠地和你在一起,我保证。"

  "你瞎说什么呢,他那个富家公子才不会把什么男女情爱的事放在眼里呢,我还不了解他啊,况且,若是我开口,终究是我要来的,感觉就变了呀,他要是真有那方面的意思,他肯定会开口的,你别瞎操心啊,也甭瞎起哄呀。"

  惠子也经常会刻意留给宛得与禾超单独在一起的机会,然后自己跑去和男朋友约会,立志不做闪亮的"电灯泡"。

  直至禾超毕业离校去往异国前的很长一段时间里,宛得与禾超时常躺坐于校园树荫下、草坪上畅聊生活琐事,或是沿着校园的河畔边散步,即使相对无言,也觉时光静美。其中偶有惠子的身影。

  看似"年少不知愁"的禾超也常因家境殷实而被他人当作只会玩乐的纨绔子弟。有很多迷恋他,或者说是迷恋他的富裕家世的女生时常围绕在他身旁故作殷勤,谄媚献柔,但他都视若无睹,时间久了则有人猜忌称他喜欢男生的舆论出现。但他从来不会因为旁人的任何揣测与舆论而刻意去做什么,惯于维持一个"自在如风,不管不顾世事纷扰"的少爷形象。

  宛得、禾超他们二人的出身虽有着天壤之别的差距,但有种冥冥之中的关联使得他们相处起来很是亲切，像是久别重逢的旧识。禾超时常开着家中的那辆银色敞篷豪车，载着宛得出外兜风，宛得便像个小妹妹似的跟随着他逛遍了这座城市的各式长街短衢，也吃遍了各式各样的美味佳肴，寒暑假也跟随着他共同游历了许多夕阳黄昏下的江川河流，驻足过寻常巷陌，流连过小众美景。圣诞节禾超还拉着宛得的手去天台上看冬夜皎洁而清冷的月色，之后又带着她去教堂深情款款地对视而唱《Silent Night》，每逢宛得生日禾超还会赠予她平日里都舍不得买的礼物，譬如玩偶、衣裙等物件，此后这些东西都被宛得悉心珍藏起来，舍不得用也舍不得穿。而这个被外人误解为纨绔子弟，行事鲁莽的少年竟也会暗自记住了宛得的所有喜好。或许这些事在旁人看来都不算什么，但正是这名少年带着宛得见识了许多她从前未曾见过的事物与美景，他也是第一个送她礼物的人，更是他让她黯淡的青春变得丰盛和灿明了起来，他的出现对于宛得而言已是最弥足珍贵的好。

宛得渐渐也对身旁这个男生心生了一份难以言表的情愫。这种情愫也让日后的宛得陷入一种错觉之中难以自拔。

最初宛得意识到自己对禾超产生爱意的时候，她试图用"我只是喜欢他优越的家境"这种想法来打消这种念头，却又在一次次的相处之中渐而认清到这种喜欢绝非与物质相关联。

从前的宛得不喜吃辣，可禾超却无辣不欢。她也慢慢开始吃辣，接受吃辣，喜欢吃辣。

或许，在喜欢或爱的人面前，诸多人都喜欢划定范围，如"一定要找什么样的"。其实，只要那个人出现了，任何条框都可以打破。所以说，情若不真，才会违心妥协融入，因此觉得辛苦难耐。若情到位了，就不会暗自埋怨，反而甘愿。

这句话也是她后来才慢慢明白的道理。

想来那辗转数年的四季年华，两个少年人同在这座城中，执手仰望一轮月色和漫天繁星，是怎样一段让人艳羡的青涩过往。可这些年华都会随着时光的流徙而走远的。

那年伴着初秋微凉的晚风，他们并肩走一段夜路，禾超抽掉半支烟，烟圈散落成指间的流沙，两人断断续续地聊天，告别时依恋不舍地互发几通短信，空气中，宛得有想要与之亲近、探索的欲望，却又不敢拉起对方的手，那样的岁月令人贪恋却走得迅疾。

他们就以朋友关系这样黏腻地相处了多年，直至大学时光完结。宛得觉得有时候看禾超就像是一面镜子，在对方的身上映照了自我，找到同类的归属感让她单方面觉得，他们之间不需要以恋人这个词来做捆绑。她也以为那时的禾超心里是有自己的。

大学时代里，宛得虽然总是用各种身份出现在禾超的生活中，譬如同学、朋友、哥们儿，却唯独没有扮演过"女朋友"这个角色。在那看似数不尽的校园时光里，宛得心里那份对禾超潜藏已久的喜欢也始终没能有个合宜的时机得到相对的回应。她的执拗，她的不愿开口，其实也是由于她年少遭遇的缘故，她总觉得有些东西但凡得到，若有一日失去必得承受其痛。况且，她也总是觉得，自己的出身始终太过卑微，有些东西她要不起，也输不起，这种感觉就像童年时，经常驻足下来张望的橱窗里的那件精美衣裙，看它放在那儿，每次路过都会仔细入神地端详许久,幻想有一天自己穿上的模样,却知道那一刻的自己无法真正拥有它。

大学时的宛得也总以为来日方长,与禾超再会的时光,一定不会太过遥远,可没想到,大学毕业后的分别,却是他们二人那一站旅程的终点。

## 3

禾超站在售票大厅,一股股冷冽的风从大门口灌进来,他将衣领合了合,一手拖着行李箱,一手拉着宛得的衣袖在人潮熙攘的车站找了一个位子坐下,两人有一句没一句地聊着,共同想起了很多事。

想起在大理的时候,那晚的夜色好清澈,素月流天;月光从窗棂上折下,青瓦下浮旋的碎尘粒粒可见;砖缝里挣出的草叶上还沾着晶莹剔透的夜露,闪着细碎的光点,天上的星星都没它亮。

而从树梢溜下的风,捎来了田间、池塘的蛙鸣声,与心跳合奏出让人恍惚的灵动和声,好似飘忽在耳边的呢喃,亲切又温柔。空气微凉而不会觉得冷,几株栀子花早已蒙着脸进入梦乡,但香味还萦绕在鼻尖。

宛得觉得心里空荡荡的,就是无法入睡,起身把一碗粗茶抿了大半。径直打开房门去往阳台,寻思睡不着索性就赏赏月色,不想,却看到禾超倚靠在门廊上,卷翘睫毛下的那双眸子沉静地凝望着高空悬挂的弦月,修长的指间夹着一根烟,烟圈散落成夜的诗词歌赋。宛得总是这样忍不住地凝视着禾超,仿佛面对此生不可再次得见的美景一般,贪婪地注视着。很多时候禾超于她而言就像是暗夜中的月光,带着温凉的皎洁为她引领和开启了只属于少年时代独有的爱恋情结。禾超回过神来看到宛得。

"正好,你也没睡呀,快陪我聊聊,我有好多事憋在心里,正求要找一个出口呢。"

宛得一脸笑意朝他走过去,与他并排靠在门廊上,张望着高空的月色,仔细倾听着他的一字一句。

那晚,禾超第一次敞开心扉向宛得谈及了许多与自己相关的事,从童年谈到成年。说到煽情处也有几经哽咽的时候。那刻,这个平日一副没心没肺的少年却也有他难解的忧愁。禾超手中的烟随风燃尽,他将烟蒂捻熄在脚底,又若无其事地说了句:"行啦行啦,我已经够幸福了,至少从来没有为钱愁过,此刻还有美人做伴,我该知足吧!"

禾超虽自幼家境宽裕,衣食无忧,但作为家中独子的他却从未真切体味过与父母在一起的温馨,从小到大陪伴他最多的只有身边不断更换的保姆阿姨,他还清晰地记得4岁到7岁年间,身边一直是那个唤作"怡娘"的保姆给予了他无微不至的关怀,他那时年少,根本不懂血缘情分到底是怎么一个东西,只懂辨别谁对他好或不好,谁在乎他或不在乎他,谁陪他多或不多,所以他私底下有时候会唤这名"怡娘"为妈妈,后来一天梦中清醒,身边照顾他的却不再是那个自己会亲昵地叫唤"妈妈"的怡娘了,他为此哭闹了许久,但他母亲都不管,只任由他百般哭闹,至今禾超也尚未知道怡娘如今身在何处,只是偶尔会梦见她那慈柔的笑颜,想起她做的饭菜味道。他也一直非常渴望父母能不那么忙，能陪自己好好闲聊一次家常或是一起和乐融融地吃一顿不用那么赶时间的饭。但这样看似平常的渴望对他的家庭而言却很是奢侈。他的父母常年因为忙碌各自的事业而疏于与他亲近，一年中能与父母在一块儿吃饭的时间屈指可数，就算有那么一次也是交流甚少，匆匆忙忙便吃完，还不如普通应酬客人式的聚合。说到底他也是个孤寂之人。可他很少向旁人透露内心的半分怅惘。

每逢冬季，禾超手上的冻疮都会如约而至般复发，很多年来，一直未曾有过改善，他倒也习以为常。但身旁的宛得却暗自留意，找到了一剂土方子，嘱咐禾超定要每日擦拭，果不其然，药效显著，禾超的冻疮得到了缓解。像是疗愈了多年来的顽疾般令他欣喜。

大四时的那个冬天，气温日渐下跌，寒风冷冽刺骨，禾超因此而生了一场重病，在体育课上晕厥倒地，后又高烧不止，上吐下泻。宛得请了假在医院里日夜不寐地照顾他，清早便裹着大衣，呵着热气，亲自去菜市场择选新鲜的蔬菜熬粥，炖汤给他喝，路过花市便买一束清丽淡雅的白百合放置于病房，每日更换，说是要祛除一下医院里的药水味儿。白日里，便陪着他以看电影来打发时间，禾超一直很钟情王家卫导演的电影，住院期间把那部由林青霞和梁朝伟等众多大腕儿领衔主演的《重庆森林》反复看了很多遍，也熟记了影片中许多动人煽情的台词，还会一脸认真地学着电影中的角色口吻一字一句念起来。宛得晚上便倚靠在他的床侧看他熟睡后自己才安心入眠，丝毫不觉疲惫，反而觉得安稳。

禾超自幼体弱，时常生病，每一次因病住院，父母都鲜少在身边亲自照拂，惯用以物质来代替本该有的关怀，小时候会给他买许多昂贵或限量版的玩具，长大了就给他信用卡，让他去买自己想买的东西。金钱虽能给禾超带去很好的物质满足，父母却忽视了他内心的关怀。禾超有时候会想，自己要是出生在一个平常家庭或许会更加幸福，若有一次选择的机会，他宁愿过得平凡一些。所以宛得的关怀于他而言，仿若一种恩赐。临近出院的那晚，他从梦中醒来，看到床沿边因为照顾他而尽显疲态的宛得沉沉睡了过去，他伸过手轻抚她的黑发，内心除了感动以外他也第一次由衷地察觉到，宛得对他的情谊早已越过了朋友的界限。邻床还未入眠的阿姨凑近禾超的耳边小声对他说："小伙子，现在像这般好又细心的女孩子可少了，你当人家的男朋友要好好待她啊，赶紧娶进门做媳妇得了。"禾超又一脸羞涩地说："她不是我女朋友啦，我们是好朋友！"

而那时的禾超还未向宛得透露，他即将跟随父母出国学习操持家业的事宜，相关手续也都办妥，只待毕业就走。他即将离开这座城市，离开她。他甚至都无法给予宛得一个确切的回应。因为在他心中，宛得的存在于他而言更像是一个亲人，他的妹妹。他这时也才意识到这些年是自己太过主动的举措带给了宛得许多幻想，他这一走，必定会带给宛得一些伤害，他却又不知应该如何向宛得表达这一切。

直至禾超远至异国之后，宛得才懂得爱欲的捆绑束缚最可怕，像是一座牢狱百般挣脱冲撞却难以逃离。禾超这个人的存在本身就带着一种难以被更换、被遗忘的质地，以致在多年后，每当宛得的身边有他人追求自己时，她都会忍不住拿他们与禾超做比较，经过反复思虑和比对，还是固执地觉得禾超最好。她时常在想，如果在那时，她能听惠子的劝，鼓足勇气，先勇敢开口对禾超袒露自己的爱意，现在会不会有一番不一样的图景。

可"如果"这两个字和"以为"一样，永远都无法得到确切的成立，也更加不适于用在已然消逝的过往中。

## *4*

"请问一下，自动取票机在哪儿？"

一位中年妇女，误以为他们是机场工作人员，便过来询问如何换取车票，也迅速把他们从回忆的长廊里拽回现实。后来得知坐"错位"的真相后，禾超像犯了错的小孩似的红着脸耐心地向这位中年妇女解答相关"取票"事宜，事后，阿姨还一直夸他是个热心肠的小伙儿。

是啊，禾超向来是个热心肠的良善之人。禾超喜欢朴树的歌，把朴树发行的那几张为数不多的CD当作珍宝。宛得从前是不听民谣的，钟爱一些以激烈、躁动的形式来宣泄情绪的摇滚乐，但受了禾超的濡染，她也开始喜欢朴树，喜欢民谣，还会不自觉地哼唱起那首旋律动人的《生如夏花》。朴树那沧桑沙哑的歌声曾点缀了他们的青涩年华。

禾超时常拉着宛得去KTV唱歌，宛得的歌声细腻诚然，虽不及歌者那般技巧娴熟，但歌声中却透露出动人至深的情感，以惠子的话说，她的歌声里掺杂了人生的坎坷与心酸。

禾超开玩笑说,他之所以时常拉着宛得出外唱歌,就是为了听一场免费的演唱会,还时常鼓动宛得要去参加歌唱比赛,但宛得兴趣不在唱歌上,自然不愿意。而禾超唱起歌来,那五音不全还略带孩童式的唱腔配上一脸深情的模样,常让一旁的宛得不禁发笑。惠子时常抢过他的话筒,做一脸无辜状说:"求你别再折磨我的耳朵了,我还想多活几年呢。"

唱完歌出来后,天空飘着淅沥的阴雨,伴着清冷的风,他顺势开口对宛得说起他即将出国的事,宛得顿了顿,明明内心翻涌着不舍的浪潮却又故作镇定地说:"去吧,去国外发展更好,你们家的产业也需要你来继承嘛。"

禾超说:"那你等我,等我两年,我回来找你,继续带你兜风,带你去教堂唱歌,我的好妹子。"宛得自然甘愿。

站在一旁的惠子,染得金黄的长发被风扬起,在昏黄路灯的映照下闪耀出金黄的光泽,她向前拍了拍宛得的肩膀示意安慰,又长嘘了一口气说道:"你们俩到底闹的是哪出戏啊,真是急死人了!禾超你给我走慢点儿,我有话要跟你说。"

宛得意识到惠子要把她对禾超的爱意和盘托出便迅速地拉住了她的手试图制止她。

"你别管,为了我好,就别管,求你。"

"……行,那我留你们俩独处,你自己掂量着到底怎么办,我自个儿打车回去。"

惠子挽了挽裙角,大步流星地朝街口走去,拦了一辆的士,上了车后摇下车窗对禾超说:"你给我照顾好我的妹子啊!"接着扬长而去。惠子走后气氛略显尴尬,宛得和禾超两人沿着街边一前一后走着,一直保持着缄默。不一会儿,两人的手机短信声同时响起，收到惠子的短信。

"宛得、禾超，你们快给我在一起，既然碰头了，就不要错过。"

他们二人相视笑了笑，宛得一脸羞怯地对禾超说："惠子这丫头，就爱瞎闹腾，别听她胡诌，你别有负担，放放心心地去你的美国，以后混好了，我以后要是落难了，也有个可以倚靠的朋友嘛。"

"宛得，我总觉得自己对不住你。"

"行啦，别矫情，矫情可就不是禾超了，我都懂，你不用说什么，什么都不要说，你再陪我静静地走会儿就行。"

"好，你知道的，我这人一到关键时刻嘴就会变笨，再走一会儿，我开车送你回去。"

昏黄的路灯下两个少年人，各怀心事地并肩行走，斑驳的树影洒落在衣襟上，宛得的手心里还紧攥着两个人的记忆，步伐也越发沉重。禾超突然看到街边垃圾桶旁有一只被雨淋湿，饥肠辘辘的流浪狗在觅食，便立马上前将外衣脱下将它温柔包裹，抱回了家中豢养。

宛得只去过禾超家中一次，确实是富家子弟才住得起的宽敞别墅，还有一间屋子是专门用来安置这些流浪狗的安身之所，他每天归家都会花上一些时间与它们玩儿，喂它们食物，不时带它们出外游走，并给每一只狗都取了相应的名字，悉心照顾着，像是对待自己的孩子一样。有一次，一只左脚有残疾唤作"多利"的泰迪狗患病，禾超这个平日连自己都不太会照顾的大男生却能像个父亲似的悉心照顾着多利，眼神里尽是担忧与慈爱。

那一刻，宛得对身旁这个男生的内心质地又更多了几分了解。而他也绝不是他口中所说的那种在关键时刻就会变笨的人，他善良真诚地爱护幼小动物，也仗义肯出面为朋友解围、出气。那会儿，惠子与某一任男友闹得很不愉快，惠子主动提出分手，男方死活不愿，先是胡搅蛮缠，撒娇卖萌，未果后，就开始用言语威逼惠子，声称要是惠子不答应与他和好，他就自杀，或者和惠子同归于尽，到了后来甚至还在夜里跟踪尾随惠子，吓得素来有"女汉子"之称的惠子也畏惧胆怯地哭着直打电话给宛得叫救命。后来禾超得知后，说这种人就得"以其人之道还治其人之身"，便反跟踪这个男子，顺便找了几个兄弟一起围堵这名跟踪狂，在巷口拿了一把仿真枪直指裤裆，说了一通"你要是再敢纠缠我妹子，我非让你当太监"之类的话，吓得这个外厉内荏的草包男直尿裤子，之后便自动消失在了惠子的视线里。这般狗血的"英雄救美"电影情节就那么活生生地让禾超给搬上了现实。之后他们三人回想起来，都会不禁大笑起来。

而这些偶尔掺杂着悲欢离合，偶尔上演着狗血情节的青春记忆，都是他们一起走过的年华，虽然这些青春终会在潮涨汐落的日后被岁月所晕染冲散，记忆的边角也会随着时光的更迭而褶皱泛黄，但依然要感激它们曾照耀过那些前尘往事。

## 5

在机场，宛得取出右耳里的耳机，轻轻塞入禾超的左耳。

"When you try your best, but you don't succeed……"

轻和的旋律徜徉耳畔。

"什么歌?"

"《Fix You》,Coldplay的歌。"

"挺好听的,回去得再好好听听……"

禾超缓缓抬头,把耳机递给了宛得。

"我得进站了。"

"嗯……放心去吧!照顾好自己。"

两人行至安检口。宛得从包里拿出两瓶治冻疮的膏药递给了禾超,嘱咐他:"到了冬天记得要按时擦拭。"禾朝随即接过塞进了挎包里,又一手抚摸着宛得的额头。她也第一次鼓起勇气开口向禾超索要了一个拥抱,禾超笑意昂扬地张开双臂迎上去。在人潮涌动的机场里,宛得靠在他的肩头,内心思绪万千,可依然保持着缄默,眼里有泪光却强忍着不让它滴落。广播里催促着即将飞往美国的乘客赶快登机,禾超摸了摸宛得的头说:"丫头,我可走了呀,你要照顾好自己。"宛得目送着禾超走进候车大厅。人群中的他,转过身来,两次,对宛得微笑、挥手……直至身影渐而消失在转角的长廊里。那一瞬,她的眼泪决堤,她似乎也才意识到他们这一别虽然不是死别,但会是生离。送别禾超后,她在机场看见一对离情依依的情侣,女方泪眼婆娑,满腹不舍与眷恋都写在了脸上,男生将女生抱得很紧,像是要把她揉进身体里,但纵有万般不舍,或许皆是殊途。

他终于远行,独自前往一个陌生的国度,与父母也会因为公司事由而经常在一块儿聚合吃饭,这也算是完成了一桩他多年来的心愿。他会在日光稀薄的清晨醒来,与父母言笑着吃一顿早餐，或是在云层暗涌的夜里，抽完一支烟，看看窗外苍凉的夜色，再想起一些往事。最初禾超刚来到这座灯火绮丽、高楼入云的城市的时候，没有熟识的友人，时常一个人去逛街，偶尔去旅行，俯瞰夜色下车流斑斓的烟火也觉景致有些单薄。有那么一瞬间，他想回去，可他偏偏却是生来就背负了家族使命的人，这个家族的荣光需要由他来续灯，他也知道自己再也不是那个在蓝天白云下穿着白衬衣飞驰在青春道路中的少年了，他必须不畏将来，不念过往地向前走，直至走出一条属于自己的康庄大道。

## 6

时过境迁，当两人天各一方，抬头看到的也不再是同一片月色的时候，一切或深或浅的情谊都在随着时间的奔流而改变，这种改变于有心人而言会被粉饰被浓墨，对于无心记挂的人来说，终局只有淡漠。

那一别就是三年。这三年中，禾超跟着父母一起学习打理家业，更以全新的姿态快速地适应了美国的新生活与快节奏，学会了他曾经深感鄙夷的世故与圆滑的技能，更凭借他聪明的头脑与心智成功接手了家中各大事务，根本无暇抽身回国，身边也照常有各种家境匹配的女子出现，对他百般殷勤献媚。

而这三年里，宛得想，对于她这样的甚少主动的交际白痴来说，多亏承蒙了禾超的主动，她才开始慢慢试图敞开心扉去接纳更多的朋友，身边也才偶有一些追逐者出现。但她空闲下来的时候就会想起禾超。也为了他写了很多爱情故事，大多故事的终局虽不完满，但情节却温情跌宕，像是她与禾超之间的关系。禾超曾发给她的邮件与信息她也都始终舍不得删，即使手机坏了，也会想尽办法将内容导出以作念想。她也始终熟记禾超的那串旧号码，她认为那串简单的数字牵连了她与他之间的许多故事，所以很难忘记。某一晚她与几个朋友喝了些许酒，本就酒量不好的她，在醉意惛然、百感交集之下摁下了那串号码，语音提示已是空号。如同一封寄往大海的信，没有回信，只剩内心空寂的回音。

宛得像是一个被同行人遗留下的孩童，一脸贪恋过往的青春模样。所有人都在往前走的时候，她却还沉浸在过往之中。这让她突然意识到，她必须换一个地方，换一个活法，为自己找寻一个出口。

## 7

送别了禾超之后，惠子先是听从了家中的安排进入一间金融类国企，过着每天数钱的日子，安安分分上了两个月的班之后还是按捺不住性子，先斩后奏辞了职，惹得急性子的母亲在震怒之下扇了她一个清脆响的耳光。一气之下的她索性打包了一箱行李，任性地离家出走了，之后便出现在了宛得住所的门口。

"你怎么来了啊，这大半夜的。"宛得一脸疑惑地看着惠子，一边帮她提起行李箱，心底大致猜到肯定是与家里发生了矛盾，便挽住她的胳膊往屋里走。

"我来你这避避风头,我今天辞职,我爸妈简直有把我当场斩立决以示快意的劲儿,等他们气消了我再回去。"惠子瞪着那双大眼睛,一脸无辜。

"就知道你这样的野孩子根本耐不住性子过那种朝九晚五的日子,对了,你怎么不去你男友那儿,你不是之前还在他家待过几天吗,我那时搬宿舍你都没来帮我,算了算了,我给你煮碗鸡蛋汤面,肯定饿了吧。"宛得径直朝厨房走去,捣弄锅碗瓢盆的声音在安静的夜里显得异常大声。

惠子伸了一个懒腰提高分贝朝厨房里的宛得说:"甭提那个傻家伙,早分了。"

"你这坏脾气,不是我说你,无论你每次和谁分手你都只会苛责他人,有时候你真得好好找找自己的原因吧!你这脾气再不收敛,迟早吃亏。"

"……你竟然和我妈一个口气,我不想听。"

禾超走后,惠子陪伴了宛得两个月,惠子太了解宛得了,自知她尚未彻底放下禾超,便每天给宛得灌输各种各样的心灵鸡汤,譬如"旧的不去新的不来""时间会疗愈一切伤痛"等话语,简直把宛得当作失了恋的人来看待。

夜晚,宛得看着窗外灯影朦胧的夜色想起这些年离开自己身边的那些亲人和朋友,深觉几分寂寥,眼眶略有湿润,酣睡在身边的惠子不时发出婴孩般的呢喃,因了她的存在才让宛得顿时觉得窗内的冷寂气氛变得静谧而暖实了起来,仿若回到了大学时在寝室的生活。

两个月后,惠子的父亲来到宛得的住处,亲自把惯于撒娇耍赖的惠子哄回了家中。走前还不忘握住宛得的手说:"这些年真得感谢你照顾咱们家这个让人不省心的惠子，惠子也时常在嘴边念叨你的好，你有空就常到家里来，叔叔和阿姨给你做好吃的，你一个姑娘出门在外的，以后有啥困难就尽管开口，别生分。"

那个冬天，这座城市下起了第一场雪，宛得用半年的积蓄，办了签证，买了机票只身一人去往泰国旅行。她生平第一次凭借自己的力量与胆量去往一个陌生的城市，并因为一个契机而留在了泰国工作，成为一名中文老师，这个契机是因她在泰国逛街时无意间去看了旅居泰国的中国籍摄影师 Reo 举办的公益个展。大抵是因为缘分的使然以及宛得那虽不张扬却依然无法掩盖的脱俗气质与容貌，瞬时就吸引了 Reo 的眼球，他拿着相机对着正在凝视摄影作品的宛得拍下了一张照片。照片中的宛得眼神清澈却透露出一种难以言喻的沧桑感，卷翘的睫毛与有如海藻般的黑色长发配搭着一袭白色的棉麻长裙显得格外美丽，之后这张照片也以《Blue Eyes Crying In The Rain》的名字陆续出现在了 Reo 后续举办的众多摄影展里，之后宛得也因此机缘巧合而与 Reo 相识，成为朋友。

Reo 留着一头过肩的头发，架着一副圆形黑框眼镜，喜爱穿一身黑色，是个很具"艺术范儿"的摄影师，出生于山东却在一次旅行过后因为对泰国这个城市产生了某种情结，之后决意留在泰国发展，一住就是七年之久。之后还把父母接到了泰国安享晚年，更凭借自身在行业内的名气得到了一些投资公司的资助而成立了一间以公益为主的中文教学高中。宛得在一番沟通后也兴致昂然地自愿加入了教师团队。两人除了私交甚好以外，也成了工作上的默契伙伴。

后来宛得的文字故事也在国内被集结成册，出版发行，口碑和销量双丰收。但她低调处事的脾性使她并未想过要借作家的名义去为自己赚取一些名或利的东西，只是照常以一个谦逊安静的状态继续书写，过着平淡的日子。获得的一些出版收益大部分都用于学校的建设，供予那些贫困家庭的孩子免费上学。她对此乐此不疲，且徜徉其中，生活也找到了新的重心与信仰，内心更获得了一份前所未有的充盈感。

而那曾任性不懂事的惠子则在父母的资助下开起了一间名叫"A Walk to Remember"的咖啡店，经营得有声有色，做起了正经的老板。一年后，又在咖啡馆邂逅了一个定居中国的英国男人"齐诗"，这名男人一口纯正的英国口音极富磁性，个子魁梧，五官俊朗，活脱脱翻版的影星Colin Firth，中文说得也很是顺溜，其次也顺势提升了惠子那原本差劲的英文水平，真是双赢的局面。两人经过几个月的短暂相处后便快速结婚，许下了虔诚的盟誓，婚姻生活过得很是完满幸福。咖啡店在两人携手用心的经营之下，将名气推向了一个新的高度，很多电视剧及电影剧组都喜欢到他们店里取景拍摄，很多影迷都为此而纷至沓来，生意很是红火，如今已在筹划着开设第二间分店。不久后，宛得与惠子视频时，惠子又告诉宛得自己即将当妈妈的喜讯，可她那副一边吃着东西，一边翻白眼闲扯遇见的各类耍大牌的明星八卦的模样却还跟大学时一模一样，毫无一副要做"贤妻良母"的样子。而在一旁的齐诗则用他那蓝色如海洋的眼眸宠溺地看着她，一边又帮她端茶倒水，伺候得惠子活像个"皇太后"，齐诗还不忘对着摄像头这头的宛得用中文打招呼，羡煞宛得之余又让她备觉欣慰和温暖。惠子也不忘像个大婶似的催促宛得要赶紧找个男朋友,时常挂在嘴边的话就是诸如"我店里有个常客,是个帅气的单身优质男,搞IT的,你赶紧回国我介绍你俩儿认识认识,好好谈个恋爱再把自己嫁出去"之类的话,随即又说:"等孩子出世了,你要当干妈啊!"

宛得想起多年前,惠子与某一任盛烈喜爱过的男友分手之后消沉了许久,宛得陪她在大排档里吃着烤串喝着酒,在那个秋意深凉惹人醉的夜里,惠子第一次在夜风穿梭、车流如水的大街上抱着宛得哭成了泪人。宛得不知道应该如何安慰她当下内心中的酸楚,就紧紧地攥住了她的手,说了一句她日后想起来都觉得很是肉麻又感动的话,她说:"没事,就算全世界男人都死光了,你也还有我。"

所幸爱情自有天意。曾经那个行事莽撞,任性泼辣,又爱以"情路不顺"自嘲的惠子也总算在这茫茫人世间如愿找到了可以相伴一生的那个人,并开始担当起了为人妻为人母的角色,肩负起了沉甸甸的甜蜜负重。宛得由衷地为这个多年来像是自己亲人的惠子感觉高兴。

而这些年,在异国他乡的宛得也逐渐适应了一个人的生活,对抗着生活偶尔的不怀好意。她时常觉得自己就像是市井烟火,平日里忙碌于工作,教导着不同的孩子,还好看着那些稚幼的孩子纯真的笑容时她总能得到许多宽慰。休息日她便素面朝天,穿着拖鞋出门下楼去菜市场买一些粮食和蔬菜,为自己煮一顿爱吃的饭菜,偶尔会邀约几个同事一起在家中以看电影来打发时间。也了解了哪种生活用品最物美价廉,记得哪家超市什么时候会打折,一直保持着看书写作的喜好。

正所谓，千帆过尽，年岁不复，心境亦不复，她也再没有遇到一个像禾超这样的人出现在她的生活里。还好，生活虽平淡，也算是安定清欢。

## 8

宛得受母校多次邀约，第一次答应露面以作家的身份参与了一次以"成功励志"为主题的讲座，有许多出版界人士纷纷出席只为一睹她的芳容，整个会堂就像是电视新闻报道里的那种明星发布会，这让她总觉很不自在。但如今的她已经不再是从前那个一站上台就会胆战心惊又脸红的害羞少女了，而是以一个自信满满、言辞真切的形象重新站上了校园的讲台，在聚光灯映照下的她面对台下无数张陌生的面孔，内心充满着笃定与诚恳，全凭内心感受进行了一番脱稿演讲：

"谈话前，我有一番话必须先阐述清楚，虽然我出版了很多本书，却从未向任何一家媒体透露过自己的身世背景，试图保持着一种私密的神秘感，这也是我第一次公开出席公众场合。此次前来，一来是对母校始终怀有深厚的情怀与感激之情，二来是想借此机会向各界人士阐明这将是我第一次露面，也会是最后一次，这并不是故作清高，也不是故装神秘，只是以我的脾性，实在是不大适合站在公众面前，还请大家见谅。现在言归正传直入主题吧！每个人，无论往昔有过怎样的惨痛遭遇，又陷入过怎样的一番困顿，都不要轻易怯懦认输或自觉卑微，人可以愚笨，可以贫穷，但要有一份不向现实妥协的韧性与顽倔，累的时候就告诉自己一定要扛下去才可以撑起一片蓝天。作为学姐的我,曾在多年前和在座的学弟学妹们一样,怀揣着理想,背负着使命,来到了这所校园,在这所校园里,我邂逅了一些难忘的人或事,这些事掺杂了许许多多的悲欢离合。但也正因了这些因素才使得我对人生有了更多的见地,过程里或许会有遗憾,会有残缺,但亦是因为这些不完满才使得人生变得完整起来,并从中学会在成长这个'一路遇见又一路失散'的过程里练就一种淡然的掌力去抵抗世事的无常。学姐的话总显矫情又苍白无力,这也是我不太愿意露面的缘由之一,还请大家多担待,但还是希望大家能在自己的人生道路上有所收获。最后,我要说的是,小说里的故事即使再如何精彩纷呈,都抵不过先过好自己的真实人生。今日,谢谢大家的前来与支持,谢谢。"

　　语毕,宛得鞠躬感谢,赢得了台下阵阵掌声,相机闪光灯交会成闪耀的星光,彼时的宛得才意识到原来自己的微小力量竟会给他人带去希望与光亮,她也总算知道这些年自己的坚持没有枉费。

　　借此番回国机会,她独自到大学校园里游走了许多曾经走过的路,竹园里的那几株栀子花开了,花满枝头,芳香四溢,几行少年人坐在石凳上悠闲地乘凉聊天。观物山上的喷泉在日光的映照下散放出七色的彩虹,高挂在博雅楼顶层的大笨钟准时敲响上课钟声,校园里的植被绿化已越发规整,还扩建了几栋叫不出名字的建筑,住过的宿舍楼都已重新翻修,去食堂吃了一顿简易的饭菜,味道虽已与往昔不同,倒也尝到了名作"回忆"的东西。来到"微明"湖畔的石椅上看着池中悠游的鱼儿还会追忆起一些掌故,会想起那时的禾超经常用石子打水漂时的天真模样。再看着水中自己的倒影，那个曾经长发齐腰的女孩已成了如今这个偏爱短发的女人。

以她书中的话来说，在她最土鳖的时候，她遇见了那么一个皎若星辰的人，但他们却没能在一起，但他却迫使她一而再地想要成为更好的人。成为如今这个干练成熟、作风低调的女作家。

同年，宛得的新书又获大卖，获得了许多赞誉与褒奖，小说也将被改编拍成电影。那一次露面后她便应言再也没有出现在公众视野当中，选择回归到了文字的本真，继续安静地书写，继续与那群天真无邪的学生做伴，不愿与这个纷繁的世间有太多纠葛与缠绕。

## 9

多年后的这次重逢，是宛得去参加禾超的婚礼，这位历经岁月磨砺蜕变成熟的男人脸上已有了几分岁月的沧桑感，他携手温婉端庄的美娇妻过来敬酒，两人很是亲昵，幸福都写在了脸上。所谓新婚缱绻大抵如斯美好，宛得举杯祝他们白头偕老的时候，禾超才恍然间与宛得的眼睛对视。眼神中有刻意的闪躲，他顿了顿后又快速回过神来去了下一桌，像是回避一个旧时的陌生人。之后这对新人上台在一众亲友面前讲述了两人相识相恋的过程，但当下的宛得根本就无法做到洗耳恭听，那些话像是耳边呼啸而过的列车，带走一车厢的眷恋。

饭桌上，宛得与几个大学时的老同学相互寒暄闲聊，他们都半开玩笑地说，还以为这次来参加的会是你和禾超的婚礼。

"都别瞎说啦，我和他从来都是朋友，何况，我也很多年没见到他了，大家都有各自的人生嘛。"宛得表情突然凝重起来，其他人似乎意识到说错了什么，就没再多言，之后相互留了彼此的联系方式，客套地说着"以后，有事就互相帮忙"之类的话。所幸，依宛得所见，这些久未重逢的老同学看起来都过得很好。

酒席散去的时候，禾超穿着那身笔挺的西装朝正往大门离去的宛得兴冲冲地跑来。

开口就问："宛得，这些年挺好的吧？没想到你今天会来。"

"挺好，不用担心，你快回去，美娇娘等着你呢，咱们有时间再聚聚。"宛得攥紧了满是汗的手。

"行，其实我买了你的书，但还没来得及看，我知道你现在名气挺大的，现在单着还是……"

"谈不上什么名气，嗯，还单着，够自由。"

"对了，惠子呢，我给她寄了请柬呀，还以为她会和你一块儿来。"

"她呀，快生孩子了，在家躺着，她有托我给你送了贺礼。"

"禾超，快过来见见你的……"远方传来禾超父母的叫唤声。

"那我先过去了，回头一定得聚，对了，那一次你送我到机场放的那首歌叫什么名字来着？"

"……Fix you。"

宛得与禾超于时光中相逢又走散，宛得深知从这之后他们两人的生活图景都不再会有交叠。只有清除掉一些残存于记忆深处的苔藓，前路才会好走一些。

宛得出了酒楼大门，一股冷冽的风袭上心头，没走几步，天空又倏忽落下了雨。路过一家店，恰巧播放着朴树的歌。

"她们都老了吧，她们在哪里呀，我们就这样，各自奔天涯。"宛得突然觉得，与禾超走过的那些路都只不过是浮生事，却是生命线上一段难得的知遇。曾有过就实属难得，别的就任其散落在天涯吧。

宛得此番回国参加禾超的婚礼，才彻底从执迷多年的眷恋中抽离出来，并试图在泰国这座暖煦的国度里，把自己定格在心寒天不寒的夏天。

她看着渐而低沉的天色，天空中飘落的雨滴氤氲了视线，她想起，四年前，他们二人在烟尘笼罩的夜色中微醺告别，想起曾并肩仰望舒朗夜空的星辰与月色时真的会心酸。

## 10

或许，值得留恋的人或事终是稀薄寥寥，但又庆幸能得一两人。惠子之后生了一个白白胖胖的男娃，她也顺理成章成了孩子的干妈。

而 Reo 也开始对她展开了狂热的追求，对她的生活处处关照，她和 Reo 一同去逛超市，Reo 买了许多菜，他告诉宛得："要是你愿意，我愿意每日都为你下厨做饭，我们可以好好在这个城市里过两个人的日子。"

宛得拿起一罐凤梨罐头，突然想起《重庆森林》中的一句台词：

"不知道从什么时候开始,在每一个东西上面都有个日子,秋刀鱼会过期,肉酱也会过期,连保鲜纸都会过期。我开始怀疑,在这个世界上,还有什么东西是不会过期的?"

"老师傅,秋刀鱼要不要?"

"过期的,不要!你要吧。"

她放下手中罐头,转头面向正在凝望她的 Reo 点了点头。Reo 高兴得一下抱起宛得原地转圈,张着嘴笑得格外大声。

那一刻,宛得默默地在心里告诉自己。

"人生这么辽阔,不要只活在爱或恨里,只要活在当下。"

## 图书在版编目（CIP）数据

我选择为梦想颠沛流离，即使万般辛苦 / 王宇昆等著 . — 北京：人民日报出版社，2016.10
ISBN 978-7-5115-4135-2

Ⅰ．①我… Ⅱ．①王… Ⅲ．①成功心理—通俗读物
Ⅳ．① B848.4-49

中国版本图书馆 CIP 数据核字（2016）第 227894 号

书　　名：我选择为梦想颠沛流离，即使万般辛苦
作　　者：王宇昆等

出 版 人：董　伟
责任编辑：程文静
封面设计：繁体字设计工作室

出版发行：人民日报出版社
社　　址：北京金台西路 2 号
邮政编码：100733
发行热线：（010）65369509　65369527　65369846　65363528
邮购热线：（010）65369530　65363527
编辑热线：（010）65363530
网　　址：www.peopledailypress.com
经　　销：新华书店
印　　刷：北京鑫瑞兴印刷有限公司

开　　本：880mm×1230mm　　1/32
字　　数：150 千字
印　　张：7
印　　次：2017 年 10 月第 1 版　　2017 年 10 月第 1 次印刷

书　　号：ISBN 978-7-5115-4135-2
定　　价：39.80 元